创意思维与创新

程 明 著

Creative Thinking and Innovation

WUHAN UNIVERSITY PRESS
武汉大学出版社

图书在版编目(CIP)数据

创意思维与创新/程明著.—武汉：武汉大学出版社，2019.12(2022.1重印)
武汉大学创新创业教育系列规划教材
ISBN 978-7-307-20847-6

Ⅰ.创…　Ⅱ.程…　Ⅲ.创造性思维—高等学校—教材　Ⅳ.B804.4

中国版本图书馆 CIP 数据核字(2019)第 065834 号

责任编辑:徐胡乡　　责任校对:汪欣怡　　版式设计:马　佳

出版发行：武汉大学出版社　（430072　武昌　珞珈山）
（电子邮箱：cbs22@ whu.edu.cn　网址：www.wdp. com.cn）
印刷:武汉图物印刷有限公司
开本:720×1000　1/16　印张:18.5　字数:220 千字　插页:2
版次:2019 年 12 月第 1 版　2022 年 1 月第 3 次印刷
ISBN 978-7-307-20847-6　定价:42.00 元

书名题写：徐福山　中国艺术研究院

序一

创新与思维

1912年，奥地利裔美国经济学家约瑟夫·熊彼特首次将创新的概念导入经济学领域，创生出创新经济学（或称为演化创新学）。于是，被古典经济学和“二战”之后的“新古典综合”经济理论视为“余值”和“外生变量”的许多因素，譬如技术什么的，便作为一系列的重要“内生变量”而深深嵌入创新经济学理论之中，也深深嵌入社会创新的发展之中。熊彼特之后，无论是在社会科学领域还是在自然科学领域，创新都作为一个极为重要的学术概念而被使用着。

在日常世界，创新更是被深深嵌入社会生活的各个领域，成为使用范围最广、使用频次最高的用语，并不断普遍化和日常生活化。上至国家，下至个人，大至航空航天，小至种植养花。它成为事物发展的普遍目标，也成为我们工作的普遍追求；它是事物发展的普遍动力，更成为解释事物成败的普遍归因。

我们这个时代，正赋予创新最为普遍同时也是最为崇高的意义。

科学素来便有自然科学与社会科学之分。20世纪中叶，以人类产出的所有知识为研究对象的知识科学诞生，并且广受重视。大家所熟悉的库恩和华勒斯坦，便是这一领域的著名科学家。

人的思维，从来都是科学研究关注的重要对象和重要领域。然而，思维科学发展成为一门独立的学科，甚至是一门独立的科学领域，还是

21 世纪以来的事。作为“两弹一星”元勋的钱学森先生，便是思维科学的重要开创者。钱老晚年致力于思维科学的研究，已令常人费解，而令人惊讶的还有，钱老竟将思维科学研究的贡献，看得比“两弹一星”更伟大。这正是作为一名功勋卓著的自然科学家，在其科学生涯中对思维之于科学发现重要性的深切感悟与体会。

于是，我们分别有了以自然、社会、知识与人类思维为研究对象的自然科学、社会科学、知识科学与思维科学。有学者就曾将此四门科学，并称为人类的四大科学领域。

人的思维无比重要。以人的思维为研究对象的思维科学，是一门正在成长的伟大科学。其意义与价值，丝毫不逊于自然科学、社会科学与知识科学。

程明君是一位有思想又极为勤奋的学者。他的每一著作，我都有幸先睹为快。其新著《创意思维与创新》，同样让我一睹为先。新著集中讨论的正是思维与创新的关系，以及如何通过创意性思维的训练，以达成创新。其核心观点便是：创新基于创意性思维。这是一个极富哲理性的命题。

程明君从事的专业领域，是广告学的教学与研究。创意是广告无可替代的核心竞争优势所在，创意便成为广告学的核心知识点。其著讨论创意思维与创新的关系，自然带有某种专业的色彩。但其论所及，竟思接千载，心游万仞，广涉社会生活的方方面面，远远超出广告传播与商业营销的范畴，并常于形而下的多彩描述中，闪现形而上的哲理灵光。书中所引出古今中外的文献，至少也有几百种之多，又可见出其学术修为与积累之厚实。

创新很难被制度化，思维也很难被逻辑化。创新很难被制度化，所以我们不能以固定的模式与规则去规范创新。思维很难被逻辑化，所以我们很难对天马行空式的人类思维进行条分缕析的讨论。该著所论，一改其严谨的逻辑思维与表述结构，凸显出一种发散的灵动，作者时而引导我们聆听中外先哲的教诲；又时而开启我们与当代贤达的对话模式，去感受他们思想与行为的光芒；又时而穿插各类历史的或现实的小故事，还包括各类生动有趣的寓言，让我们感受故事和寓言离去后留下的深刻哲理。

作者的思维是灵动的，语言表述也是灵动有加。作者以一种灵动的词句，讨论着很难被制度化的创新和很难被逻辑化的思维，让一切都灵动起来。

创新基于思维，思维基于训练。现代教育创新型人才的培养，重点便在于创新性思维的训练。程明君将以此来履行创新型人才培养的责任，也一定会在此过程中让自身灵动的思维得到进一步升华，闪耀出更为光耀的灵光。祝福着！也期待着！

张金海

（武汉大学新闻与传播学院教授、博士生导师）

序二

但凡创新，总有创意

跨年之际，拜读程明老师的大作《创意思维与创新》，思绪渐渐走远了……

晨钟响起，各种祝福、献辞席卷而来，大小媒体几乎都有一篇像模像样的元旦社论，表达的都是对新一年的期许和向往。是什么力量能够让各怀心事、各有寄托的人们，齐整地站在除旧布新的逻辑上思想和想象？那就是时间。

看似无形的时间，却有着掀翻世界的力量，可以把所有的人、事、物，乃至一切关系，不由分说地拽进了新的一年！瞬间，所有的东西似乎都翻过去了，一切都成了旧时观。但是，人们心底又悄悄地生长出新的欲和望，等着新的美。一切不合时的，皆为过时。时间就是如此强蛮。时间不断否定现在，在消逝中复又诞生，创造出新的时间刻度，并且让所有与时间有关的一切卷入、臣服！

其实所有的“新”，都有着生命与时间的演进规律，应和着人们内心深处的“喜新厌旧”！想想也对，天天说着几句老话，守着看厌的旧景，岂不乏味，谁还愿意走近呢？

手边有本2019年的故宫日历，其中的插图很用心思，每一天都是不一样的故宫珍藏。元月的每一天都是以猪为插图。从商代的青玉猪首、汉代的石猪、唐代的生肖猪陶俑，一直到明代的玉猪形饰、清代的子母猪扇面，天天不一样，不仅猪的构图、材质不一样，更重要的是取型、画像的方法也各不一样，或写实、或抽象、或魔幻、或自然，总在寻求一种不同以往的表达和塑造。这是怎样的一种文化现象呢？以抽象论之，无非是猪年颂福贺岁之意。以形象观之，这林林总总的奇幻创意背后，清晰可见的是从古到今的创新努力！

古希腊先哲赫拉克利特在《残篇6》中说，每天的太阳是新的。这话值得玩味！太阳，作为客体，无所谓新旧。新旧之别，与太阳何干？所谓“太阳是新的”，这一断言只是从人的角度去观照或想象，根本就是人的赋予和命名。新不新，已然成为一种利益表达，用以衡量人的现实选择。新生活有别于旧时光，是因为它能产生幸福的幻想；新经济有别于旧生产，是因为它能激活市场的臆想；新文化有别于旧习尚，是因为它能预设时髦的奢想；新技术有别于旧制作，是因为它能满足方便的猜想……这一切都是以人的想象逻辑为核心而派生出来的价值感。由此，创新的不竭动力找到了心理学的依据，创新也成为人类社会普遍的价值命题了。

创新之意，不妨拆解为“主体之创”寻求“客体之新”，创是手段，新则是目的。创与新，总在捉迷藏，总在发展自己的对立面！创新的想法很飘忽，必须要有创新的物化形式加以固化，必须要有创新的方法和做法进行转化，必须要有新的组织架构予以承载，必须要有新的评估指标对接应用。否则，想法还是想法，终究难成方法和做法！

创新，其实是个大难题，难就难在人人都懂、都能说上几句，甚至各种难题都可归谬于创新不足，都期待通过创新来解决。这些难题和惶惑的背后反映了创新的开放性和基础性。倘若不从这些最根本的思维层面上去理解创新，创新之路根本就走不通！

大道至简，其命维新！维新之本，在于思想或思维上的求异和质疑，这就是创意！

这世界上很多非常的发现或灵感是很难用语言能够表达清楚的，很混沌，很依赖于个人的心智感觉的调动以及语境场景的调适，并且特别难以量化！

写创意思维的书，往往吃力不讨好！我甚至想，创意不适合逻辑。因为理论上的条分缕析，演绎上的因果序列，结构上的前后左右，很容易把活生生的创意灵魂给肢解了，变成了干巴巴的公式、定义和教条。

所以，程明老师在论及创意思维时，更多的强调思维的融会贯通，强调“无中生有”，强调超越既有的习惯和经验，努力在看似不可能的事情中开掘可能。相对于创新，创意在思维方法和思维能力上，更应注重主体的养成。如果没有创意思维的智慧前提，创新也只能是一种偶发的小概率事件。

程明老师从创意思维角度去观照创意与创新之间的纠缠，时有逼人的思想之光透出，尺幅大千之观，品阅无尽之味！太过急慌的人，是找不到门路的，即使不得其门而入，也不能体味创意之妙、创新之用！

我们不妨静心以对、虚怀以待！

金定海

（上海师范大学人文与传播学院教授、博士生导师）

序三

好书迟来

——为程明教授新书《创意思维与创新》序

今天是3月23号，也是承诺为朋友新作而序的最后一天，但直到上午10点23分23秒，只字未写，着实有点急了！久久难以动笔，究其原因有三：一是程明教授已是非常成功的青年才俊，在其专业领域可谓响当当的人物了，由我作序是否合适？二是本人对程明教授涉猎专业知之不多，可以说就是门外汉，作序怕贻笑大方；三是听说还有一位作序学者是程明教授的博士恩师，其造诣修为不言而喻。有比较就有区别，倘落差太大，既辜负好友预期，本人面子亦挂不住，岂非左右为难？如是小九九作怪，便一直拖着、等着、把玩着……

诚信为天，万般皆下品。这是我的人生座右铭，写不出及格的序不要紧，但诚信不能不及格。所虑及此，心结遂解，便平心静气，开动脑筋，搜肠刮肚地写起《创意思维与创新》序来！

本书共有十章，分别为第一章整合思维与创新、第二章互联网思维与创新、第三章批判性思维与创新、第四章统摄思维与创新、第五章发散思维与创新、第六章逆向思维与创新、第七章简约思维与创新、第八章水平思维与创新、第九章工匠精神与创新、第十章创意思维训练方法与创新素养。前八章阐述了不同的思维方法与创新，第九章论述了工匠精神，最后一章强调了思维方法的训练和创新素养的养成。全书的主词是思维，主题是创新，主线是创意。而本人通读本家程明教授力作后有如下体悟：

第一，逻辑清晰，主题明确。整本书水平排列式地介绍了 8 种不同的思维方法，这些思维方法作者在书名中冠以“创意思维”简而概之，依此即可窥见程明教授演绎归纳之功力；同时于诸多思维方法中独选此 8 种，“工匠精神与创新”一章则是独具慧眼，而合聚这些内容本身就是作者对思维方法的一种集成创新。通过不同思维的创意主线直达统一目标的创新主题。从标题和内容中不难看出，第十章既是前九章的落脚点，也是前九章的出发点，形成了一个闭合的圆，九九归一。

第二，语言考究，案例鲜活。遣词造句非常讲究，案例“多、实、近、活”是本书的另外一个特点。书中名人名言、成语警句比比皆是，让读者置于其中与大师哲人对话，增强了本书的有据可考性；流行语、网络词的恰当选用，迅速拉近了与年轻读者的距离，增加了本书的延续可读性；案例丰富，说得生动，用得巧妙，常常使读者如临其境，则增添了本书的多维可视性。凡此种种，皆可见作者思维之缜密，匠心之独运，势必会成就本书的时代畅销性。

第三，契合新时代，唱响主旋律。在经济全球化和信息智能化的今天，在通过拥有资源工具、拥有不对称信息即可占尽优势已成明日黄花的情况下，“思维决定一切”更具有指导性、现实性与长远性。“不怕做不到、就怕想不到”“思想有多远，我们就能走多远”，这些耳熟能详的俗语几乎成为了人们的共识。置身新时代，一个人的成功与否、成就大小更多地体现为思维水平的差距、创新能力的高低。程明教授通篇紧扣创意思维核心词，尽情弹奏创新主旋律，完美演绎新时代、新担当、新作为！

木本水源以《好书迟来》为题，为程明教授新书付梓贺诗一首：

本应春暖芬芳开，珞珈樱花始才来；最美风景谁言晚？万里书卷展情怀！

以上是水源同志的读后感，不为序。

程水源

2019年3月23日于323书斋

（武汉轻工大学党委副书记，教授、博士生导师）

序四

创新背后的视野、价值及哲学

我们生活在大众创新、万众创业的时代，科技日新月异，新的变化不断涌现。创新成为企业家必须思考和面对的问题。1978年以来的改革开放是创新创业的催化剂，中国企业在商业市场的试验田里获得了利润的增长与企业的发展，可以说，40余年改革开放的历史，是一部经济增长史，也是一部创新创业史。

伴随着中国经济从高速增长转为中高速增长，经济结构不断优化升级，信息技术持续发展，全球化进程不断加速，市场格局的变化对企业及企业家的创新也提出了全新的挑战和要求。

新时代的创新不仅需要洞察市场和人群的需求、顺应时代潮流，还应合乎普遍规律，顺应事物发展的自然状态：要打破常规，但不能抛弃过去，忘乎所以；要探索可持续发展的商业模式，但不能以牺牲环境、破坏生态为代价；创新也要有底线思维和边界意识，要对市场和规则抱有敬畏之心。

尊重人的价值，尊重人的创造性与多元化，乃创新的文化内核。在创新价值的多重阐释中，人本主义日渐成为更加重要的哲学背景。无论是富于人文色彩的产品创造和技术革新，还是在企业里给思维活跃的年轻人以机会发挥成长，都是创新坚持以人为本的题中之意。

一如我上述谈及的，创新的内涵外延不断被定义，其重要性不断被重申，思维科学也日益受到了关注与重视。如何将二者结合，找到创新的方法和工具，本书正是最好思考的结晶。

有一些关于创新的观点在本书中也得到了全新的阐释和印证。比如，过去人们常常认为，创新是无法被管理和预测的，只能寄之于意外收获和机缘巧合，或者站在巨人的肩膀上作出一些发挥和促进。但这不代表创新不可以被训练和培育。“天才不是与生俱来，而是通过后天培养的”。《创意思维与创新》正是这样一本与创新有关的创意思维方法的扎实集锦。作者基于对不同思维方法的观察和剖析，提出了一系列寻求创新的方法与工具，对于培养创新思维有一定帮助。

所有对创意思维方法感兴趣的读者，都不难从本书中汲取养分，获得共鸣。欢迎大家从本书开始，开启充满灵感的创新之旅。

以上是为序。

艾路明

（阿拉善 SEE 生态协会会长，当代集团董事长）

目　录

引论　动力的创新与智慧的思维

创新是人类进化的动力源泉。

何为创新?

创新是指以现有的思维模式提出有别于常规或常人思路的见解为导向，利用现有的知识和物质，在特定的环境中，本着理想化需要或为满足社会需求，而改进或创造新的事物、方法、元素、路径、环境，并能获得一定有益效果的行为。① 这是百度百科词条给出的定义，这个定义本身也是互联网时代创新的结果。②

创新一词起源于拉丁语，有三层含义：第一，更新；第二，创造新的东西；第三，改变。 从本质上说，创新是创新思维蓝图的外化、物化。创新一词最早出现在1912年，首创人是奥地利裔美国经济学家约瑟夫·熊彼特，他在《经济发展理论》中说："创新的通义是要建立一个新的生产函数，也就是把一种从来没有的生产要素和生产条件的新组合，引进到

---

① 参见 https://baike.baidu.com/item/%E5%88%9B%E6%96%B0/6047?fr=aladdin，2017年4月9日浏览。

② 百度百科现在已有超过1500万个词条，每天满足着数亿用户检索需求，它有着海量的用户来参与协作并且不断迭代，其愿景让人类平等地认知世界，创造一个涵盖各领域知识的中文信息收集的聚合平台。

生产中去。”①因此，我们可以看出，“创新的根本特征是‘新’，它是从旧到新和从无到有的过程”②。

创新就是要对原有观念和事物进行改进、突破、变革甚至推翻，创新的本质就是发现别人没有发现的，做到别人没有做到的。一般人理解的创新就是石破天惊，一鸣惊人，而实际上创新往往是蝴蝶效应，一点点的变化也会聚集成巨大的突破。

创新很难，难在所要解决的问题本身没有界定清晰。当问题界定清楚了，解决问题的线索也就顺理成章、“水到渠成”了。什么是问题?问题的核心就是理想态和现实态之差，而创新就是寻找一种与众不同的方法从现实态逼近理想态。

从问题域视角来理解创新，就是“下好定义，渐逼本质”。

100 多年前，福特公司的创始人亨利·福特跑到各处问客户：“您需要一个什么样的更好的交通工具？”几乎所有人的答案都是：“我要一匹更快的马。”很多人听到这个答案后立马跑到马场去选马配种，以满足客户的需求。但是福特先生却没有往马场跑，而是接着往下问。

福特：“你为什么需要一匹更快的马？”

客户：“因为可以跑得更快！”

福特：“你为什么需要跑得更快？”

客户：“因为这样我就可以更早地到达目的地。”

福特：“所以，你要一匹更快的马的真正用意是……”

---

① ［美］约瑟夫·熊彼特：《经济发展理论》，何畏、易家祥译，商务印书馆1990 年版，第 3 页。

② 刘道玉：《创新创业的灵感从哪儿来》，《光明日报》2017 年 6 月 13 日第 13 版。

客户："用更短的时间、更快地到达目的地！"

于是，亨利·福特选择了制造汽车为他的客户实现了"更快"，从而满足了客户的真实需求，也从此颠覆了传统的行业，创新了交通方式，开创了一个全新的产业，乃至造就出一个汽车轮子上的国度。

创新者可以定义什么是"马""快""更快"等，这个过程就是将真实的需求"抽丝剥茧"抽象提炼的过程，最后到达本质——两点之间用时最短的交通工具。不仅汽车的发明如此，后来飞机的发明也与从问题域视角理解创新不无关系。

当下时代的创新是断裂式的、破坏式的、颠覆式的创新。

著名杂志《连线》(Wired)的创始主编凯文·凯利认为"创新很难被制度化"①。的确，容易制度化的不是创新，这恰恰从另外一个层面道出了创新的本质特性。"创新常常需要颠覆自己建立起的规则。"②理论上说，创新意味着从已经建立起的模式中跳脱出来，也就是美特斯邦威的那句经典广告语所道出的真谛：不走寻常路。

科技进步的过程就是一个人性不断释放的过程，时代进步的过程就是人性不断解放的过程。"颠覆式创新是人性的表达。"③"创新就是颠覆，永恒的创新即持续的颠覆。"④

"颠覆"算是近几年来的热门词汇了。特斯拉颠覆了汽车，小米模

---

① ［美］凯文·凯利：《新经济，新规则》，刘仲涛、康欣叶、侯煜译，电子工业出版社2014年版，第152页。

② ［美］凯文·凯利：《新经济，新规则》，刘仲涛、康欣叶、侯煜译，电子工业出版社2014年版，第152页。

③ 周鸿祎：《周鸿祎自述——我的互联网方法论》，中信出版社2014年版，第65页。

④ ［美］凯文·凯利：《新经济，新规则》，刘仲涛、康欣叶、侯煜译，电子工业出版社2014年版，第146页。

式颠覆了制造业，打车软件颠覆了出租车行业，余额宝颠覆了理财，Roseonly 颠覆了鲜花业，黄太吉颠覆了餐饮，自媒体颠覆了纸质媒体，也许很多“颠覆”自身也淹没在互联网的商业大潮中，或者还在“颠覆”的艰难过程之中，现实的社会生活和商业版图不以人的意志为转移发生着裂变。新生的力量从来没有像现在这样“喷薄而出”。“颠覆式创新都不是敲锣打鼓来的，而是隐藏在一片噪声里。它是代表未来趋势的一个信号，但你却通常看不到、看不懂、看不清。所以，一定不能以一种藐视的态度看待新生事物。它可能满身缺点，但是颠覆你的东西，不需要做成十项全能。它只要在一个点上追求极致，远远超过你，这就足够了。”①周鸿祎认为颠覆式创新有三种形式：第一种形式是发明，发明一种从来没有过的新技术、新材料；第二种是商业模式上的创新，就是把贵的东西做成便宜的，收费的做成免费的，如同他的 360 杀毒软件；第三种是体验上的创新，就是把复杂难用的东西变简单，把笨重的东西变便携。

创新，尤其是颠覆式创新是不可能通过需求调研得到的。在“我需要一匹更快的马”这句话里，其实“更快”才是需求，而“马”只是一个解决方案。消费者在这句话里不仅提出了需求，而且还提出了他能想到的“解决方案”。你到底是要满足他的真实需求？还是满足他的解决方案？

殊不知在现实中真正的核心问题是：需求存在，解决方案不对。颠覆式创新的要点在于由供给者提出一个全新的解决方案来满足用户的需求，而不是用户自己想到过的解决方案。

网络世界的到来打破了现实世界中的各种“界”——距离的界、时间

---

① 周鸿祎：《周鸿祎自述——我的互联网方法论》，中信出版社 2014 年版，第 63 页。

的界、空间的界、速度的界、沟通的界……给人类带来前所未有的新体验。网络的无界带来最大的改变就是思维。“思维的起点，商业的引爆点。”①这就是本书第二章中谈及的互联网思维，这种新的方法论思维会颠覆传统的思维与逻辑，重构新的思维与逻辑。

网络经济就是流变的经济，在这个流变的时代，如同面对不断翻滚的浪花。但是如果我们迎浪而上，驾驭湍流，很多问题都会迎刃而解。只有推崇流变的经济，寻找失衡状态中的持续性，才能在未来的发展中实现稳定。

身处网络时代，颠覆与创新同在。颠覆中孕育着创新。

央视著名主持人白岩松在《白说》一书中谈到创新需要具备的素质：“独特的思维方式、独立的人格和人心的自由。”②其中独特的思维是创新不可或缺的重要素质之一。创新离不开人的思维，创新是人的创意思维的结果。

“思维让人类更智慧。”

何为思维？

思维是人脑对客观现实概括的和间接的反映，思维以感知为基础又超越感知的界限。它探索与发现事物的内部本质联系和规律性，是认识过程的高级阶段。

思维的概括性表现在它对一类事物非本质属性的摒弃和对其共同本质特征的反映。思维的间接性，是指它通过其他媒介作用认识客观事物，及借助于已有的知识和经验、已知的条件推测未知的事物。按照信息论的观点，思维是对新输入信息与脑内储存知识经验进行一系列复杂的心智

---

① 李善友：《互联网世界观》，机械工业出版社2015年版，第225页。

② 白岩松：《白说》，长江文艺出版社2015年版，第32页。

操作过程。

思维有两个层面的内容，一是思维的层次性，二是思维的方法。

要想成为某个领域的领先者，必须不断提高思维的层次性。如果你只思考如何做重复工作，那最好的结果就是掌握一门技能娴熟的手艺或技术。而领先者首要考虑的是顶层设计，是资源整合，是有价值的问题，而不是一开始就解决具体的问题。

特斯拉的创始人马斯克经常挂在口头的就是“第一性原理”，其大意是这样的：我们运用第一性原理，而不是运用比较思维去思考问题是非常重要的。我们在生活中总是倾向于比较，别人已经做过或者正在做的事情我们也都去做，这样发展的结果是只能产生细小的迭代发展。第一性原理的思想方式是从物理学的角度看待世界，也就是说一层层拨开事物表象，看到里面的本质，再从本质一层层往上走。彼得·蒂尔的《从0到1》中有个类似的说法：商业世界的每一刻都不会重演，下一个比尔·盖茨不会再开发操作系统，下一个拉里·佩奇或是谢尔盖·布林不会再研发搜索引擎，下一个扎克伯格也不会去创建社交网络，如果你照搬这些人的做法，你不是在向他们学习。

美国钢铁大王卡内基小时候家里很穷，有一天，他放学回家时经过一个工地，看到一个穿着华丽、像老板模样的人在那儿指挥。

“请问你们在盖什么？”他走上前去问那位老板模样的人。

“要盖个摩天大楼，给我的百货公司和其他公司使用。”那人说道。

“我长大后要怎样才能像你这样？”卡内基以羡慕的口吻问。

“第一要勤奋工作……”

“这我早知道了，老生常谈，那第二呢？”

“买件红衣服穿！”

聪明的卡内基满脸狐疑:“这……这和成功有关?”

“有啊!”那人顺手指了指前面的工人道,“你看他们都是我的手下,但都穿着清一色的蓝衣服,所以我一个也不认识……”

说完他又特别指向其中一位工人:“但你看那个穿红衬衫的工人,我长时间注意到他,他的身手和其他人差不多,但是我认识他,所以过几天我会请他做我的副手。”

要想胜人一筹,就要另辟蹊径,可以说,与众不同是成功者的第一思维模式,也是创新过程中重要的思维模式。

思维的层次决定创新的起点和高度,思维的方法则是创新者必须掌握的工具。“工欲善其事,必先利其器”,创意思维方法就是创新的利器。本书的诸多章节就是从创意思维的具体方法入手,探讨如何进行创新的。

非洲,人类之始,物种丰富奇妙。

那里有一种大鸟,形似老鹰。此大鸟的食谱里有一道主菜,就是鸵鸟蛋,它们的嘴很适合把鸵鸟蛋啄破。后来经过漫长的进化,鸵鸟们把蛋生得越来越硬,这样可以保护后代。当人类发现这种大鸟时,它的嘴已经啄不开鸵鸟蛋了,生物学家预测,这种物种将开始走向灭绝之路。

但在接下来许多年的追踪观察中,人类发现这种大鸟的数量并没有减少,反而有所增加。生物学家发现,有一些大鸟学会了一个很管用的办法:当它们找到鸵鸟蛋时,它们会在鸵鸟蛋附近抓起一块尖石头,然后用力向鸵鸟蛋砸去,一次又一次,就像轰炸机丢炸弹一样,成功率几乎100%。

生物学家惊诧事情的变故,就提取会扔石头的大鸟基因来研究,原来这种大鸟不是那种大鸟,它们同属一个物种,外形无任何区别,唯一的不同就是一个会扔石头，一个不会扔石头，但会扔石头的大鸟比后者早进化60万年之久。

事实再次证明：在生物进化论中，会不会使用工具，是先进物种与落后物种的最大区别，工具是获取竞争优势的重要途径。

如果说创意思维成果是人类知识的结晶和智慧的体现，那么每一种具体的思维方法则是创意思维工具箱中的各种“利器”。

创意并非只是少数天才的“专利”。创意是一种几乎所有人都具备的与生俱来的能力，只是程度不同而已。将“创意天才”说得神乎其神没有任何益处。诺贝尔物理学奖获得者艾伯特·詹奥吉说过一个观点：“发明就是和别人看同样的东西却能想出不同的事情。”有关创意的一个著名定义是：打破一个格式塔，建立另一个更好的格式塔的过程。

譬如有一个问题：为什么北京房价那么高?

回答一：都是炒房团搞的!

回答二：北京的土地供应稀缺，而高购买力人群又过度集中，所以推高了价格。

譬如有另一个问题：怎么增加团队的认同感?

回答一：领导要经常开会强调!

回答二：人的认同感来自全力以赴完成一个共同的目标，其中付出努力的程度以及共同参与的仪式感都很重要。

两种说法体现了两种思维模式，能够体现出说话者对同一事物的不同认知水平。针对同样的问题，第二个回答更有深度，也更具说服力。个体对所感觉到的信息在头脑中的加工处理过程有所不同，这是认知的本质所在，而认知水平的高低，更是影响一个人思想、行为、说服力的重要因素。

法国思想家帕斯卡曾说，人不过是一株芦苇，是自然界中最脆弱的东西；可是，人是有思维的。要想压倒人，世界万物并不需要武装起来；一缕气，一滴水，都能置人于死地。但是，即便世界万物将人压倒了，人还是比世界万物要高出一筹；因为人知道自己会死，也知道世界万物在哪些方面胜过了自己，而世界万物一无所知。人的生命的独特性，突出表现在人类的生命最具有智慧。人们把头脑当成了工厂，不断地创造出自然界不曾出现的新观念，又把它们变成了现实，不断地改造着世界。在哲学思想演进的过程中，人的思维性把人和动物本质性地区别开来。

教育和投资的目的不是学会一堆知识，而是学会独立思维方式。曾任耶鲁大学校长20年之久的理查德·莱文曾说过："真正的教育不传授任何知识和技能，却能令人胜任任何学科和职业，这才是真正的教育。"

也正如美国已故小说家大卫·福斯特·华莱士在一次演讲中说的：教育的目的不是学会知识，而是学习一种思维方式——在繁琐无聊的生活中，时刻保持清醒的自我意识，不是"我"被杂乱、无意识的生活拖着走，而是生活由"我"掌控。真正的教育，是批判性的独立思考、时时刻刻的自我觉知和终身学习的基础。

2013年5月4日，习近平总书记在同各界优秀青年代表座谈时的讲话中指出：创新是民族进步的灵魂，是一个国家兴旺发达的不竭源泉，也是中华民族最深沉的民族禀赋，正所谓"苟日新，日日新，又日新"。生活从不眷顾因循守旧、满足现状者，从不等待不思进取、坐享其成者，而是将更多机遇留给善于和勇于创新的人们。2015年10月26日至29日，党的十八届五中全会在北京举行。全会指出破解发展难题，厚植发展优势，必须牢固树立并切实贯彻创新、协调、绿色、开放、共享的发展理念，这是关系我国发展全局的一场深刻变革。这是新时代五大发展理念，其中创新发展居于首要位置，是引领发展的第一动力。2017年10月18日，在中国共产党第十九次全国代表大会上的报告中，习总书记50余次提到创新；2018年9月10日，在全国教育大会上，习总书记强调“积极投身实施创新驱动发展战略，着重培养创新型、复合型、应用型人才”。创新发展理念是方向、是钥匙，要瞄准世界科技前沿，全面提升自主创新能力，力争在基础科技领域作出大的创新，在关键核心技术领域取得大的突破。

著名科学家钱学森对于知识创新、思维科学尤为关注。早在20世纪80年代，他就倡导“思维科学”的研究，1986年由他主编的《关于思维科学》一书在上海人民出版社出版，书中收录了19位学者的24篇论文，其中钱学森的《关于思维科学》一文系统地阐述了关于思维科学体系的构想：思维学是研究人有意识思维的规律的科学，这种有意识的思维，除抽象(逻辑)思维之外，还有形象(直感)思维和灵感(顿悟)，所以思维学又可以细分为抽象(逻辑)思维学、形象(直感)思维学和灵感(顿悟)思维学三个组成部分。他还进一步阐释：思维学作为思维科学，上升到一切人类知识最高科学概括的马克思主义哲学要通过一架桥梁，即认识论。2005年，94岁的钱学森在与温家宝总理的一次谈话中，提出了一个被称为“钱学森之问”的令人深思的问题：“现在中国没有完全发展起来，一个重要原因是没有一所大学能够按照培养科学技术发明创新人才的模式去办学，没有自己独特的创新的东西，老是冒不出杰出人才，这是个很大的问题。”或许我们记住钱学森，更多的是他对我国“两弹一星”事业的功勋级的贡献，但钱学森对自己晚年的科学思想是最看重的，他曾经对自己的孙子说：“你记住20世纪爷爷做的这些事，如果称得起伟大的话，那么

21 世纪的爷爷将更伟大。”①这里说的 21 世纪的伟大之处就在于他开创了思维科学。钱学森思维体系的核心是系统思想，他认为“要把人的思维，思维的成果、人的知识、智慧以及各种情报、资料、信息统统集成起来”，不仅要集大成，而且要出智慧，系统思想被钱老称为“大成智慧工程”，并在理论上提炼成一门学问，就是“大成智慧学”。② 在其所倡导的开放的思维系统中，关键是数据、信息、知识和智慧：数据是对一切事物的测量，信息是有意义的数据，知识是有结构的信息，智慧是管理和创造知识的。这些关于思维的论断、思想和智慧也是一代杰出的科学家的又一功勋级的贡献。

2018 年 1 月 3 日，在武汉大学刘道玉创造学习奖第四届颁奖会议上，武汉大学前校长刘道玉先生谈到了什么是正确的知识观：显性知识是知识的基础，隐性知识是知识的灵魂。我们在适当地传授显性知识的同时，要注重隐性知识的学习、修炼和培育。知识的本质是智慧，是知识背后的东西，善于学习者善于感受知识背后的智慧，而愚笨的学习者只知道对知识死记硬背。显性知识追求标准答案，追求高分。只有当知识转化成创造力、学术成就的时候才是力量，笼统地说知识就是力量是不确切的，知识不是力量，我们图书馆大量的藏书，我们许多的专利都是知识，却还未转化成力量，只有当知识转化成创造力、学术成就的时候才能显示出其价值。

这是中国老一辈教育家最具闪光的思想。的确，知识的本质是智慧。“学以致用”，知识只有在实践中创造性运用，才能转化为智慧的创造

---

① 参见舒咏平：《中国大品牌》，人民出版社 2012 年版，第 121 页。

② 参见卢明森（编）：《钱学森思维科学思想》，科学出版社 2012 年版，第 148 页。

力和生产力。“悟而生慧”，悟就是反反复复的思考，思考需要思维，需要有深度的、有广度的、多维度的持之以恒、锲而不舍的探索。

新故相推，日生不滞。走创新发展之路，首要重视创新人才的培养，而人才培养在教育，创造性的人才培养必须要有创造性的教育。“一年之计，莫如树谷；十年之计，莫如树木；终身之计，莫如树人。”

创新教育，我们行走在路上。

第一章　整合思维与创新

整合思维：选择不在之间，而在之中

“一燕不成春，独木难成林”

“整”的视野与“合”的艺术

“化零为整”与“化整为零”

要素重构，整合为王

整合“圈子”与人生智慧

选择不在之间，
而在之中

孟子曰："鱼，我所欲也，熊掌亦我所欲也；二者不可得兼，舍鱼而取熊掌者也。"其本意不是说二者必然不可兼得，而是强调如果两者不能兼得的时候，我们应当如何取舍。整合思维却告诉我们，换种思维方式，大胆将各种对立资源进行整合，鱼和熊掌或许皆可收入囊中。美国苹果公司的联合创始人乔布斯认为，创新并不是创造全新的事物，而是把不同的事物关联起来，整合成新事物。

"选择不在之间，而在之中。"整合思维是非排他性的选择，是一种做加法的思维，是创新中的"原子弹"，是创意思维中极具引爆力的思维方式。

整合思维：选择不在之间，而在之中

多伦多大学罗特曼管理学院院长罗杰·马丁在《整合思维》一书中将整合思维定义为：富有建设性地处理彼此对立的意见的能力，不以牺牲一方为选择另一方的代价，而是以创新形式消除意见对抗，新的意见同时包含对立意见的某些因素，且优于对立意见的任何一方。①

① ［加拿大］罗杰·马丁：《整合思维》，胡雍丰、仇明璇译，商务印书馆 2010 年版，第 18 页。

整合思维是一种富有建设性的处理彼此对立意见的思维方法，是头脑中同时处理两种相互对立的观点，并从中得出汇集两方优势的解决方案的能力。

同一条街道上两个互为竞争的店铺，其中一家擅长技术，而另一家擅长管理。擅长技术的店面拼命学习管理以期能够打败对手，而擅长管理的店面也通过不断改进技术来争夺市场。几年过去了，两家店面谁也没能打败谁，反而因为价格竞争而举步维艰。于是两家门店联合起来，成立一家新公司，擅长技术的钻研技术，擅长管理的负责管理，公司在整合后得以稳步发展。

运用整合思维，对立的双方在整合中从竞争转向合作，资源在整合和置换中实现优化。市场瞬息万变，“争长竞短，你死我活”的传统竞争形态已经被“取长补短，合作共赢”的现代竞合形态所取代，讲求的是和谐共存的双赢甚至多赢格局，是协同作战的高超境界，是你中有我、我中有你的互利机制。

整合思维就是善于同时衡量两者不同甚至完全对立的观点，在从容淡定中不左不右，最终选择通过综合二者优势而达成理想的结果。这是整合思维的智慧，它彻底重塑了竞争的意义。

“新美大”是大众点评网和美团网战略合作后的名称，它的成功就源自于整合思维在实践中的极致运用。大众点评和美团是国内O2O市场上体量较大的两个公司，做强O2O需要重资金投入的商业模式、更强的业务发展成绩和更快的融资速度，而惨烈的价格战、资本市场遭遇的寒冬让两大巨头的发展之路走得异常艰难。于是两大公司运用整合思维，通过分析各自的优势，将优质资源进行整合，形成强大的资源互补效应，在本地生活服务这一细分市场中形成垄断性的市场优势。双方从竞争走向合作，集中精力携手拓展市场，创造出更多的价值。

“会当凌绝顶，一览众山小。”优秀的成功者之所以能够站在最高峰，除了具备卓越的创新能力和领导智慧外，还有一个共同点，就是善于同时衡量两种根本对立的观点，最终的抉择通过整合二者的优势而达成。在“与或非”这道人生选择题中，他们总会选择“与”的交集而不是“非此即彼”。换句话说，真正的成功者都是整合思维实践的高手。

鱼和熊掌是可以兼得的，整合思维引领我们避开“或者”的选择极限，正如美国著名现代诗人华莱士·史蒂文斯(Wallace Stevens)所言：“选择不在之间，而在之交。”①整合思维不仅是一种思维，更是一门艺术，是一门思维的艺术。思维是一种力量，教人在变化的社会中如何生存；而艺术则是一种信仰，令人在纷繁的世界里学会生活。整合思维告诉我们，人生要善于做加减法，经过整合思维来运算和综合各方优势。平台决定高度，思维决定发展。唯有掌握整合思维，才能运筹帷幄而决胜于千里之外。

“一燕不成春，独木难成林”

浩荡苍茫的云海、连绵起伏的群山、美丽芬芳的花海、波澜壮阔的海洋……纵观自然界中可被称为壮丽的景观，大多不是某一个单独生物可形成的景观，而是万千汇聚的结果。

“自然本天成。”这是大自然的灵性，也是大自然自身“整合”的灵动。

---

① Wallace Stevens, “Notes Toward an Extreme Fiction”, The Collected Poems of Wallace Stevens, New York: Vintage Books, 1990: 380.

美国加州的成熟红杉高达 60 米~100 米，然而根却只是浅浅地浮在地表，其能抵御飓风侵袭的主要原因，在于红杉必定是一大片生长在一起，它们的根彼此紧密相连，自然界中再大的风，也无法撼动几千株根部紧密连接、占地超过上千公顷的红杉林。

中国人说“单丝不成线，独木不成林”，古希腊人说“一燕不成春”，非洲人说“结伴走得远”。一个单独的个体拥有的能力，无法和团队相抗衡，只有整合集体的力量和智慧才能办大事。

聚合众智，整合众力。整合他人的长处和智慧，就像站在巨人的肩膀上。德国著名思想家、作家歌德就将其成就归结为整合思维的结晶——“我不应把我的作品全归功于自己的智慧，还应归功于我以外向我提供素材的成千上万的事情和人物”。

整合不是简单的元素堆砌，而是“涌现”的过程。“涌现”理论的主要奠基人约翰·霍兰德在《涌现：从混沌到秩序》一书中这样描述“涌现”现象：但凡一个过程的整体的行为远比构成它的部分复杂，皆可称为“涌现”。细细琢磨整合思维，便不难发现其具备“涌现”现象的特性。

乐高起源于 1932 年的丹麦，如今已成为优质玩具的代名词。其品牌名称 LEGO 在拉丁语中，意为“I put together”。一块简简单单的带有 8 个凸起、3 个小孔的糖果色矩形方块，却成为无数人心目中的“魔术塑料积木”，创建了各种各样如梦似幻、变幻无穷的造型：鬼斧神工的世界经典建筑，熙熙攘攘的热闹街景系列，影视经典蝙蝠侠、哈利波特系列……只要你能想到的，乐高都可以做到。一块小小的乐高积木块毫无用处，甚至会被人当作垃圾随意丢弃，而当无数个乐高积木块聚集在一起时，一个个奇妙的绝版经典造型便诞生了，单独的积木是缺乏活力的，整合在一起的成千上万的积木却是想象力肆意挥洒的结果，成为充满生命力的艺术作品，这便是整合的魅力。

“九层之台，起于累土。”细小的沙砾聚合在一起，可能成为巍然屹立的九层之台，也可能成为毫无用处的一盘散沙。十万众人聚合在一起，可能成为所向披靡的精锐之师，也可能成为一击即败的散兵游勇。数十商铺聚合在一起，可能成为熙熙攘攘的繁华商圈，也可能因为恶性竞争而惨淡收场。资源整合如同一场“拼图游戏”，把无数拼图碎片放在一起是一种聚合的思维，而如何将这些拼图碎片放入恰当的位置最终形成一块完整的拼图，则需要整合的思维与智慧。正所谓“人在一起，叫团伙；心在一起，叫团队”。整合绝不止于将资源简单地堆砌放置在一起，而是将其合理地配置和利用，最终实现资源最大化利用。

整合思维过程中，最重要的核心词汇是“权衡”与“综合”，在“权衡”中“综合”，在“综合”中“权衡”。整合思维的高手就善于在纷繁复杂中理清思路，进行权衡与对比，通过对更深层因素的洞悉和考量，勾勒变量之间的非线性关系，疏导对立观点之间的抗衡，确立创造性的解决方案。一双巧手正是整合智慧的体现，五指各有分工又相互合作，支撑着我们完成各种各样的行为活动，打字看书、穿针引线、弹琴作画、手术行医、精雕细琢、能工巧匠……

“一花独放不是春，百花齐放春满园。”这是大自然给我们人类的启示。整合思维让我们的世界百花齐放，争奇斗艳！

“整”的视野与“合”的艺术

整合思维要有宽广的视野和一双善于发现资源的眼睛。视野宽广，所涉猎的资源范围就会广，可选择整合的对象就会多，就可以慧眼识珠发现其中优质的资源。

整合思维首先需要有“整”的视野。

摩尔定律定义了快速更迭的信息技术时代，信息爆炸描述了极速的信息增长速度。世界上每天都有无数新事物诞生，又有大量旧事物走向灭亡。你可以不够大，但是你不能不够快，因为环境在快速地变化，必须要以更快的速度、更灵动的身姿去适应各种变化。

靠自己创造资源的模式是在与时代拼速度，投入大量的时间、财富、精力，一步不慎便落后于时代的洪流之中，抑或“夸父逐日，力竭而亡”；唯有善于整合资源者，既深谙整合之道，又具备整合之术，才能真正把握时代的脉搏，抓住时代的机遇，成就一番属于自己的事业。

“横看成岭侧成峰，远近高低各不同。”用简单片面的思维看世界，犹如盲人摸象、管中窥豹，只知其一也。从不同的角度看世界，世界便会呈现出不同的样子。整合思维可以改变单一的角度，站在不同的高度并从多个维度全方位、立体性地去看世界。

何以掌握整合思维的百胜之术？在周嵘老师所著的《整合天下赢》一书中有这样一句话：“假如用一个字来代替资源整合，最好的就是‘借’。”①这句话告诉我们，资源整合不是资源创造的过程，而是借力而行的智慧发挥。“借万物以御天下”，智者当借力而行，正如犹太经济学家威廉·立格逊所说，一切都是可以靠借的，可以借资金，借人才，借技术，借智慧。这个世界上已经准备好了一切你所需要的资源，你要做的仅仅是把它们收集起来，运用智慧把它们有机地组合起来。我们要学会打开所有的感官，拓展整个思维空间，将视野立体化，让万事万物互联互

① 周嵘：《整合天下赢》，石油工业出版社2013年版，第92页。

通，借物，借力，借智，借势……资源整合中，“整”的视野就是“借”的视野。

一个小男孩在院子里搬石头，父亲在旁边鼓励：“孩子，只要你全力以赴，一定能够搬得起来！”但是石头太重了，最终孩子也没能搬起来。他告诉父亲自己已经用尽全力。父亲说：“你没有用尽全力。”小男孩不解，父亲微笑着说：“因为我在你身边，你都没有请求我的帮助。”很多时候，我们就像这个小男孩。判断一件事情能不能做到，往往是看自己能力够不够。但一件事情结果的达成，为何一定要单凭己力？很多成功者并不是他的能力有多强，而是他能整合更多的资源。整合的智慧要突破“我”的局限性，才能迎接更宽广的世界，同事、朋友、亲人，甚至是陌生人、竞争对手都可以成为我们“借”的对象。

有人说：“人生三借，成就一生。”一要借势，时势造英雄，读懂趋势、把握趋势才能赢在未来；二要借智，聪明人不断摸索总结经验，智慧的人善于向外学习，快速行动，节约人生成本，缩短成功时间；三要借力，没有完美的个人，只有完美的团队，小成功靠个人，大成功靠团队。

伴随着互联网的发展，“轻公司”成为人们关注的一个概念和现象。有别于传统公司，轻公司秉持着把公司做小、把客户做大的理念，不需要庞大的固定资产投入，只需要整合消费资源和消费的信息并与制造商建立连接，即可成为一家轻资本的公司。这些公司何以为轻？究其本质，就是巧借别人的人力物力财力，建立一个平台整合和组织外部资源。不用劳心劳力地创造资源，轻装上阵，却以独特的智慧和模式，解构着传统的商业世界。我们最为熟知的京东商城，便是轻公司中的典型代表。由1998年创始至今，这家垂直B2C平台的发展如同坐上了高速列车，到2017年，已经在“中国互联网企业100强”中名列第四，市值逼近百度。

要获得这个市场规模，传统的模式是投资开店或者进行并购，苏宁推崇的是前者，从1990年创立至今，苏宁花了近30年时间，建立了800多家连锁店；国美则通过大规模并购的方式获得规模，确立市场龙头的地位。京东却以一种全新的思维和方式，以黑马之姿，完成了传统企业举三代之力方能完成的事业版图。

“假舆马者，非利足也，而致千里；假舟楫者，非能水也，而绝江河。君子生非异也，善假于物也。”善于整合者，很多资源都能够从无到有，创造奇迹。“空手道”被视为商界的最高境界，意指那些白手创业，以小搏大最终获得极大成就的企业家。纵观商业发展史上的富商巨贾，很多都是身无分文的穷光蛋，却凭借着一个“借”字，打出了一番天地。传统思维下的成功可能要花费10年、20年甚至30年的时间，在黑暗中摸着石头过河，成败尤不可知。整合思维下的成功者，善借时代之势，他人之智，众人之力，踏着成功者的脚步走，在最短的时间内成为顶尖高手，无往而不胜。

古代作战讲求“天时、地利、人和”，这在当代也是成功的不二法门。大道至简，细细品味这短短的六字，我们不难发现，这便是整合思维的极致运用。“天时”是成功之路的伯乐和机遇，“地利”是成功之路的环境和条件，而“人和”则是成功之路的综合实力。当我们借天时，借地利，借人和，并将三者有机统一和运用之时，成功的橄榄枝便早已向你抛去。

整合思维既要有“整”的视野，还要有“合”的艺术。

“合”有五种方法，亦可称为五种境界：聚合、整合、融合、契合、和合。

整合的初级阶段，是1+1=2的聚合，此时的整合是实现资源的集合。在资源的聚合过程中，要实现二者的有效集合而不是相互的削减。中国有句众所周知的谚语：一个和尚挑水吃，两个和尚抬水吃，三个和尚没水吃。原意指好的团队要分工明确，心往一处想，劲往一处使。但细细品味不难发现，其中也蕴藏着资源聚合的道理。一个和尚凭借自己的力量，挑起两桶水。当他懂得综合另一个和尚的力量时，1+1=2 的聚合能量便产生了，于是二人共同抬水，各分担一半的重力。三个和尚没水吃，便是资源聚合的失败，三人力量的相加不仅未能实现力量的壮大反而变小。这提示我们在进行资源整合时，一定要避免 1+1 小于 2 的局面。

整合的中级阶段，是 1+1>2 的整合。此时的整合已经超脱了初级阶段的聚合模式，开始显现出资源整合的力量。正如一个小木棒和另一个小木棒放在一起，不再是两个小木棒的数量简单增加，它变成了一双筷子，具备了新的功能和属性。在《圣经》中曾有这样一个故事：很久以前，有两个人打算去海边生活，可还没到海边食物就吃光了。不久，他们幸运地遇到了一位老者，那位老者给了他们许多鱼和一个钓竿，他们拿到东西后就分道扬镳了。第一个人拿到东西后一下就把鱼吃了个精光，不久就饿死在沙漠中。第二个人忍着饥饿走到了海边，可他刚看到大海就因体力不支而倒下。后来，又有两个人来到了这里，老者给了他们相同的东西，可不同的是他们并没有分道扬镳，而是互相合作，利用手中的东西最终走到了自己的家。1+1>2 的整合不仅仅是双方资源简单地堆放在一起，更是你拿出我想要的，我拿出你想要的，我们互利互补，共享共用。

整合的高级阶段，是“1+1=11”的融合。不单是在互利中实现创新，更是彼此形成了利益共同体，你中有我，我中有你。在非洲和东南亚地区生活着脾气暴躁、力大无穷的犀牛，但这种生物的背上却常年有着名为犀牛鸟的生物在此嬉戏。犀牛的皮肤，好像铁甲一样，但皱褶地方却非常娇嫩，常受体外寄生虫和吸血昆虫的刺蜇。犀牛鸟栖息在犀牛背上，就以它身体上的寄生虫作为美味食物，吃饱肚子。同时，犀牛的视觉不够敏锐，当犀牛鸟发现敌人时，这只灵活的小鸟就会飞上飞下，并发出尖锐的叫声，向它的好朋友报警，让它做好安全戒备。二者之间互利共生的融合关系让犀牛和犀牛鸟能够共同抵御大自然的各类伤害。

整合的最高境界，是“1+1=王”的契合。周文王与姜尚合力完成讨伐商纣的大业，齐桓公与管仲共同成就千秋霸业，秦孝公与商鞅在变法中实现一个帝国的崛起，这一个个皇图霸业的成就无一不闪烁着整合的智慧，是整合思维运用到国家治理中的典范。

当整合由聚合到整合再到融合最后上升到契合时，便达到了天时地利人和的“和合”境界，攻无不克，战无不胜，所向披靡。

“和合”境界的修炼，其实就在于一句话：只有给别人想要的，别人才能给你想要的。在整合的过程中要转变思维方式，将生命的焦点从利己转为利众。“同天下之利者则得天下”，当生命的焦点在于利众的时候，生命的能量就会变得十分强大，令人震惊。

在整合过程中，利己的人总是在考虑自己能从别人身上获得什么、整合什么，从而实现自己的利益，这样的人总会落得个让人“敬而远之”的下场，即便能够与他人合作，也极容易获得 $1+1<2$ 的反效果，使合作不欢而散。而利众的人，先想到的是给别人想要的，这并不是牺牲自己成全他人的大无畏精神，而是只有当你给别人想要的，别人才能给你想要的，从而双方在互惠互利中实现共赢，正所谓“自利则生、利他则久”。陶朱公范蠡之所以成为一代商圣，就是因为他在经商时，不是追求自己的利益最大化，而是力求协调各方利益，实现互利共赢，从而达到和合的至美境界。范蠡弃政从商之时，正值诸侯割据、战事不断，他发现了一个

巨大的市场需求：吴越一带需要大量战马，而北方多牧场，马匹便宜又剽悍。在北方收购马匹不难，到吴越卖掉也不难，难的是如何将马匹由北方运到吴越。水陆迢迢，人马住宿都需要费用，而且兵荒马乱，沿途强盗横行。愁眉不展之际，他在一个茶肆里听说齐国有一个叫姜子盾的富商，经常贩运麻布到吴越，而且已买通沿途强盗，多次通行均平安无事。范蠡没有选择报官，而是在城门口贴了一张榜文，其意是：范蠡新组建一支马队，开业酬宾，可免费帮人向吴越运货。不出所料，姜子盾主动找到范蠡，求运麻布，二人相互合作。如此一来，范蠡与姜子盾一路同行，货物连同马匹都安全到达吴越，实现了双赢。

要达到“和合”的整合臻美境界，就要有不凡的智慧和超然的胸襟，既要能够借助他人优势，又要具备共赢思维，在聚合中达到整合、走向融合、实现契合，最终抵达和合的至美境界。

“整”的视野与“合”的艺术相结合，创新也就呼之欲出了。

“化零为整”与“化整为零”

正如比尔·盖茨所言：“永远不要靠自己一个人花100%的力量，而要靠100个人每个人花1%的力量。”人与人的合作不是力气的简单相加，其真正内涵要微妙和复杂得多。在人与人的合作中，假定每个人的能量都为1，那么10个人的能量可能比10大得多，也可能比1还小。因为人的合作不是静止的，它更像方向各异的能量，互相推动时自然事半功倍，相互抵触时则一事无成。与此道理类似的是邦尼人力定律：“一个人一分钟可以挖一个洞，60个人一秒钟挖不了一个洞。”

有了整合观念以后，如何整合就成为整合思维运用于创新实践中的关键。“化零为整”与“化整为零”就是如何整合的两种路径。

无数的碎片重新整合，这是化零为整的智慧；系统的东西碎片化，这是化整为零的思路。化零为整与化整为零虽然是完全相反的两种路径，但正如中国古老的哲学智慧“殊途同归”一般，它们最终有着一个相同的指向——整合思维智慧的彰显和运用。整合思维者并不将问题拆分为若干独立的个体来逐一解决，而是在始终保持问题整体性的同时着手处理各个部分。

马克思曾说：“我们知道个人是微弱的，但是我们知道整体就是力量。”这句话简单深入地阐述了整合的力量。在物理学中，无数的粒子汇聚在一起，形成具有能够承载整个宇宙生命体的力量，在思维的世界里，整合思维同样能够形成这样的爆发力。

化零为整的力量来源不是简单堆砌的聚合，而是将零散的要素进行有机的整合。万物皆有灵，人之所以为其上，是因为人将简单的整合行为加入了智慧的光芒，于是千万滴水可汇成江海，千万朵花可组成花园，但是千万个词语却堆砌不出经典的文章，唯有经过人类智慧的演绎，才能成为妙语连珠发人深省的文章。化零为整，不仅仅要用脑，更要用心。

《战国策·秦策》中记载，苏秦曾经联合“天下之士合纵相聚于赵而欲攻秦”，他游说六国联合西向抗秦，秦在西方，六国土地南北相连，故称合纵。与合纵政策针锋相对的是连横，合纵连横也成为战国时期纵横家们极为推崇的军事政治策略。培根在《论读书》中提到：“读史使人明智。”从战国时期纵横家们的治国之策中，我们寻到了整合思维的智慧光芒，化零为整的思维策略。真正有效的化零为整有两种策略，一种是拼图式的整合，是横向的累积；另一种则是积木式的整合，是纵向的叠加。

“一带一路”是中国的筑梦之路，也是人类命运共同体的发展之路。

这一治理“赤字世界”的中国之道，塑造“未来世界”的发展之道、世界“美美与共”的希望之道就包含着拼图式整合的思维智慧。拼图式整合是优势互补的，能够实现你有我有全都有的互利式共赢；是无限链接的，能够实现多种内容的跨界整合；是统筹高效的，形成有机的整体而非一个一个分散的个体。在一带一路合作框架内，各个国家秉持着共商共建共享原则，构建政治经济文化上的桥梁和纽带，让人民跨越国界，一起交流，共同发展。

积木式的整合，则是另一种整合之道。通过向下深耕进行价值能力的挖掘拓展；通过向上的聚合累积来形成更大的声量和体量。在商场中有一种被称为“6+1”的产业链理论，这种理论认为企业的经营发展之道，是对产业链上下游进行整体垂直整合，这种发展路径是中国制造业走出困境、摆脱欧美企业控制的出路，这就是一种典型的积木式整合，通过价值深耕实现整体发展扩大。

罗伯特·肯尼迪曾说过：“很少有人强大到独自改变历史，但我们每个人都有能力改变事件的一小部分，而正是这种化零为整的行动，书写着一代人的历史。”整合的智慧告诉我们成大事者，要能够集众智，合众力，化零为整。这一思维战略的实行，则需要化零为整的智慧，将一个大的目标内容分解成不同的碎片，集合不同的力量完成，最终实现化零为整。

我们再来审视化整为零。

化整为零的思维犹如社会学中的“分工”。思想家们认为，分工的发展是现代社会区别于传统社会的重要特征，三次社会大分工直接推动着历史的变革和社会的演进。化整为零的思维也在践行着分工的智慧，将大计划拆分成小项目，逐个击破，不同的人合理分工做不同的事，才能让整件事情协调有序的运行。就像一架飞机的诞生，一个国家不可能完成所有零部件的生产，于是一架波音飞机的零部件由 70 多个国家的 545 家供应商生产。

化整为零实质上是思路的转变，不为所有，只为所用。韩愈曰：“闻道有先后，术业有专攻。”不同的人有不同的天赋和特长，我不能做的，别人能做，不用刻苦学习如何去做，换个思路，不同的项目寻求不同的力量。将合适的人放在合适的位置上做合适的事。享誉国际的加拿大设计师布鲁斯毛说过，只身成为多才多艺的人太难了，需要学的东西范围太广，程度太深，但你完全可以组建多才多艺的团队。当你能够运用智慧将互补的人才整合到同一个团队，懂得借助不同人的优势力量时，成功也就由难转易了。

如果说化零为整是整合思维的体现，是世界观的指导，是“道”之所在。那么化整为零则是整合思维的策略实践，是方法论的体现，是“术”之所依。曾有人这样形容道与术的关系：道是河，术是舟；道是舵，术是桨。无河无以载舟，无舟难以渡河；无舵无以方向，无桨无以动力。化整为零与化零为整，看似背道而驰，却又殊途同归，其中都蕴藏着整合的无穷智慧，你中有我，我中有你，缺一不可。

要素重构，整合为王

《舌尖上的中国》用餐桌边的一蔬一饭、舌尖上的一饮一啄为我们娓娓道来悠悠华夏的味道。简单的五味构成了中国菜味道的千变万化，形成了四大风味八大菜系。烹饪就是这样一种神奇的东西，同样的食材，不同的制作方式，会呈现出截然不同的口味；不同食材的碰撞也会带来奇妙的味蕾体验。整合犹如思维的烹调，各种各样素材的整合产生意想不到的化学反应，最终上桌的，是充满着思维智慧的“满汉全席”。

正所谓你所需要的，这个世界都有，我们利用整合的智慧，将这个世界上已有的资源为我所用。但若是仅仅把整合视为简单的集合，便是低估了整合的力量。整合犹如烹调，妙手烹饪百味，高手烹调思维，在食物的烹饪中创造出舌尖上的千般滋味，在思维的烹调中创新出思维上的万种智慧。

整合力是最基本的创造力，它并不是一种水平的堆砌，不是不同元素的简单混合，整合的成功必然要带来一种新的东西，它超越了原来的元素而又包含了所有的元素。乔布斯曾经说过，苹果之所以伟大，其中的一个原因是创造它的是一群音乐家、艺术家、动物学家和历史学家，而他们恰恰还是世界上最好的计算机科学家。单纯的音乐家无法创造出智能电脑，单一的计算机科学家也无法创造出具备灵性的苹果。当这些不同的智慧整合在一起时，便产生了一种完全超越以前的新物种，开启了一个全新的智能时代。

钻石和石墨由同种化学成分碳元素组成。可晶莹璀璨的钻石与乌黑的石墨却相去甚远，一个价值连城，成为永不褪色的精灵和女人最好的朋友；另一个却平淡无奇，成为化工行业常见的非金属材料。钻石和石墨的区别告诉我们，要素的整合需要智慧，唯有智慧思维的运用，才能真正实现如钻石般的“一颗永流传”，创造出不俗的价值。

在整合中实现创新的关键，在于打破常规，要素重构。在思维的一破一立之间寻求到要素的不同组合方式，在变化中另辟蹊径，在整合中实现创新，正所谓：“新瓶装老酒，酒香味更浓。”

弗斯科特·菲茨杰拉德将“头脑中同时存在有两个相互矛盾的想法而

继续思考的能力”定义为“一流智商”。要素重构就是要具备在对立要素中寻找到新方法、在一团乱麻中找寻出新思路的能力，在思辨思维下进行要素重构。在这种智慧的指导下，“二战”后的美国寻找到了对峙苏联的绝佳办法。面对斯大林的扩张野心，美国看似只有两条道路选择，全面战役或是任由其发展壮大。但是美国并没有二选一，而是改变美国的遏制政策，通过文化、外交、经济、军事等综合力量的作用回击斯大林的扩张趋势，扭转了非战即降的局面。整合中的创新，是在多种选择甚至是冲突对峙中抛弃非此即彼的单一线性思维，采取复合的、动态的灵活方式，让重构的要素涌现出无限可能，焕发出新的生机。

要素重构还要求我们善于发现要素的多面性。谷歌有道面试题是列举出铅笔的十种用途，各种千奇百怪的答案让我们看到了，一支功能明确的写字铅笔在不同的情景中竟有各种各样的用途。这启发我们，要素的多面性能够焕发出无限的可能性。冰是寒冷天气中常见的景象，它可以是极富观赏性的冰雕，却难以想象，它也可以是输油的管道。日本的探险队在南极科考，他们准备铺设一条输油管道，把船上的汽油输到基地，却发现输油管不够长，就在众人一筹莫展之际，有人看到了冰的多面性，提出用冰来做管子。他们用医用绷带缠绕在铁管上，用水淋湿，形成冰管，一根绷带加冰做的管道就出现了。

火锅以麻辣鲜香著称，来源于民间，升华于庙堂，无论是贩夫走卒、达官显宦、文人骚客、商贾农工，还是红男绿女、黄发垂髫，火锅都是他们餐桌上的食物之一，火锅店也因此成为街头巷尾最多的餐饮店之一。如何在林林总总的火锅界占据一席之地？海底捞运用整合思维的智慧，寻找到了一条不一样的生路，将食物和细致入微的服务相结合，老酒新酿，通过各种要素的多形式组合，让老酒具有新滋味。在海底捞吃火锅，除了火锅这一食物之外，还有免费的果盘、酸梅汤、飞行棋、擦皮鞋、美甲服务等……通过多种要素的丰富组合，达到人无我有，人有我精，实现整合中的创新。

我国著名儿童文学家严文井说，寓言是一个魔袋，袋子很小，却能从里面取出很多东西来，甚至能取出比袋子大得多的东西。寓言是一个怪物，当它朝你走过来的时候，分明是一个故事，生动活泼；而当它转身要走开的时候，却突然变成了一个哲理，严肃认真。

过去的智者用寓言故事丰富了他们的时代，我们也在寓言故事中看到并发掘出更多闪光的智慧，启发智慧，让思想活跃。龟兔赛跑是人尽皆知的寓言故事，著名经济学家厉以宁进行了故事新编，向我们展示了一个完全不同的龟兔赛跑。

龟兔第一次赛跑，兔子输了，要求进行第二次比赛。第二次赛跑，兔子吸取经验，不再睡觉，一口气跑到终点。兔子赢了，乌龟又不服气，要求比赛第三次，并说前两次都是兔子制定路线，这次得由它来制定路线。兔子在第三次比赛中遥遥领先，但终点前的一条河拦住了它的去路，最终输给了乌龟。不久，森林举办跑步比赛，兔子和乌龟又成为了竞争对手，这时乌龟说："我们老竞争干吗？不如合作吧。"于是，陆地上兔子驮着乌龟跑，河里乌龟驮着兔子游，两个同时抵达终点。第四次的龟兔赛跑，就是典型的整合智慧引领成功。

成功的整合是具备创造力的，这种创造力来源于不同要素重构下的新能量。古语有云：不破不立，破而后立。唯有打破常规，运用整合思维，并进行要素的重构，从而达到意想不到的甚至超出想象的结果，这就如核裂变，而整合思维就是其中的"引爆点"。

整合“圈子”与人生智慧

整合圈子是一种高级人生智慧，是整合思维在人生中的实践应用。艾思奇曾说，一个人像一块砖砌在大礼堂的墙里，是谁也动不得的；但是丢在路上，挡人走路，是要被人一脚踢开的。有时候，你是谁并不重要，重要的是和谁在一起。和谁在一起，在一定程度上决定了你会过着怎样的人生，与庸人为伍，即便如仲永一般的天才儿童也会泯然众人也；与智者相伴，久而久之必然也会不同凡响。正所谓，与善人居，如入芝兰之室，久而不闻其香，即与之化矣；与不善人居，如入鲍鱼之肆，久而不闻其臭，亦与之化矣。丹之所藏者赤，漆之所藏者黑，是以君子必慎其所处者焉。

人生就是这样，想和聪明的人在一起，你就得聪明；想和优秀的人在一起，你就得优秀。善于发现别人的优点，并把它转化为自己的长处，你就会成为聪明人，善于把握人生机遇，并把它转化为自己的人生机遇，你就会成为优秀者，对待他人的成功就像对待自己的成功一样充满热情，学最好的别人，做最好的自己，借人之智，成就自己，此乃成功之道。

沙子是废物，水泥也是废物，但它们混在一起是混凝土，就是精品；大米是精品，汽油也是精品，但它们混在一起就是废物。是精品还是废物不重要，跟谁混，很重要！一根稻草，扔在街上，就是垃圾，与白菜捆在一起就是白菜价，如果与大闸蟹绑在一起就是大闸蟹的价格，我们与谁捆绑在一起，这很重要！这给我们的启示是：一个人与不一样的人在一起也会体现不一样的价值！一个人在不一样的平台也会体现不同的价值！所以结交有正能量的人会影响您一生。

跟着苍蝇找厕所，跟着蜜蜂找花朵，跟着富翁挣百万，跟着乞丐会要饭！ 和勤奋的人在一起，你不会懒惰；和积极的人在一起，你不会消沉；与智者同行，你会不同凡响；与高人为伍，你能登上巅峰。 生活中最不幸的是：由于你身边缺乏积极进取的人，缺少远见卓识的人，使你的人生变得平庸，黯然无光！

有人说，人生有三大幸运：上学时遇到一位好老师，工作时遇到一位好领导，成家时遇到一个好伴侣。 有时他们一个甜美的笑容，一句温馨的问候，就能使你的人生与众不同，光彩照人。 要远离消极的人，更要远离所谓的“垃圾人”，否则，他们会在不知不觉中偷走或者“断送”你的梦想，使你渐渐颓废，变得平庸。 积极的人像太阳，照到哪里哪里亮；消极的人像月亮，初一十五不一样。

成功学大师安东尼·罗宾说过，“你的人生取决于你看过的书和你所遇见的人”。 有一次，马克·乔纳斯被邀请去哈佛大学讲课，在那里他遇到了大师安东尼·罗宾。 当他们的演讲全部结束之后，马克就一个长久困扰他的问题寻求安东尼的指点。 马克问安东尼：“我们都是教授别人如何取得成功的讲师，但是我们之间却存在巨大的差距，不知道您有没有发现呢？”安东尼听后，笑了笑，问马克：“乔纳斯先生，我想知道您每天除了演讲之外都在做什么呢？”马克想了想说：“我有自己的交际圈子，我喜欢和朋友们在一起。”安东尼又问：“那您的人际圈子里，都是一些什么人呢？”马克用略带骄傲的口吻回答说：“都是百万富翁。”

“哦，原来是这样。”安东尼微笑着说，“您所交际的圈子里都是百万富翁，所以您的年收入只能达到一百万美元。 那您知道我每天都和谁在一起吗？”马克困惑地摇摇头。 安东尼说：“我每天都和千万富翁在一起。”说到这里，他拍了拍马克的肩膀说：“我并不是要告诉您抛弃自己百万富翁的朋友而去结交千万富翁，而是在您的圈子里所能积累的人脉仅仅足够您每年赚一百万美元。资源比才华更引人注目，身处什么样的圈子，就会积累什么样的人脉，获得什么样的资源。”

世界华人演说家俱乐部主席成杰也分享过类似的观点并有所发挥：一个人的命运取决于他所遇到的人、看过的书、上过的课、交往过的朋友！

科学研究认为：“人是唯一能接受暗示的动物。”而和成功的、积极的人士在一起，其实就是给你向上的、积极的暗示，而良好的、积极的暗示，会对人的情绪和生理状态产生良好的影响，激发人的内在潜能，发挥人的超常水平，使人进取，催人奋进。记住一点：决定你命运的有两个重要因素，一是思维，二是“圈子”。整合思维就是让我们能够进入高品质的圈子，用人生智慧践行自己的人生奋斗目标，在学习和阅读中享受着生命的过程，感悟丰富的、幸福的、快乐的人生。

第二章　互联网思维与创新

互联网思维：连接一切的逻辑

在连接中融合，在融合中创新

用户思维：互联网时代创新的不二法则

“因为米粉，所以小米”

互联网思维下的商业模式创新

互联网思维：连接一切的逻辑

老子《道德经》曰：道生一，一生二，二生三，三生万物。这是华夏先哲对宇宙生化图景的简约表达，其中蕴含着万物互联的哲学思考。普适计算之父马克·韦泽曾说："最高深的技术是那些令人无法察觉的技术，这些技术不停地把他们自己编织进日常生活，直到你无法发现为止。"互联网就是这样一个高深的技术，它被定义为：电脑相互连接并沟通而成的网络，这样的网络构建了一个虚拟的社会，变成人们日常生活的一部分。虚拟和现实最终走向融合共存，对互联网的认知要回归常识，回归人性，其诞生和发展的原始驱动力源于人性的需求，而人性的需求是推动科技进步、经济增长、社会进步、文化繁荣的最根本的力量。

互联网通过连接一切完成融合创新，创新以用户思维为基本法则，催生新的商业模式，催生更具颠覆性的创新，从而更好、更多地满足人性的需求，推动人类的发展，推动社会的进步！

互联网思维：连接一切的逻辑

互联网绝不仅仅是单纯的用来提高效率的技术和工具，它是构建未来生产方式和生活方式的基础设施，它带来的是一种思维观念的冲击与变革。如何理解互联网思维?“Internet”最广为人知的中文译名“互联网”——万物互联，网罗万物，很好地解释了互联网思维的本质：它是连接一切的逻辑。

两千多年前，老子在《道德经》中曾言：“天网恢恢，疏而不漏。”第一次用古老的哲学思想向我们阐释了醒世的哲理，其中所蕴藏的“网”的意识不得不让我们敬佩老祖宗的智慧。

互联网思维一词最早由百度公司创始人李彦宏提出：我们这些企业家们今后要有互联网思维，可能你做的事情不是互联网，但你的思维方式要逐渐从互联网的角度去想问题。互联网就像一张巨大的网，它用一根根看不见的线，把一个个有温度的鲜活生命、无生命的智慧工具连接起来，无数个连接着的结点拉紧又松开，不断勾勒出新的图案，演绎出天地间生动的图景。

互联网思维开始取代传统的工业思维，准确地说它不是一种具体的、直观的思维方式，它是一种方法论思维，或者说是一种思维的方法论。

连接一切的逻辑是互联网思维的最佳注解。

互联网思维，是互联网时代融合实践的新思维路径，具有跨界融合、平台开放、用户至上、免费为王、体验为核、大数据应用等若干特征。相比较而言，传统的工业化思维是基于资源稀缺的一种线性思维模式，从A到B到C到D，其中存在天然的逻辑关系，其特点是追求效率、标准和规模。而互联网思维是基于资源丰饶的一种立体网状思维，从A开始即有多种选择，其特点是追求快速迭代、颠覆创新。

互联网时代下，万物皆互联，无处不计算。我们身处在一个连接的世界，要么主动连接他人他物，要么就被这个世界连接。百度连接了人和信息，阿里连接了人和商品，腾讯则连接了人和人，如此等等。互联网是整合思维最为极致的运用，它创造了一个虚拟平台，信息在这里汇聚、沟通、融合与再生，推动着人际交往从金字塔的等级走向平等：不靠强制义务、物质激励或者社会契约连接在一起。

我们无法估量网络发明的影响力，也没有必要去估量。网络已经成为当下的中心话题，思想和经济活动都围绕着它来进行。“任何网络都有两个要素：节点与连接。”①节点会越来越小，但它们之间的相互连接会越来越多。错综复杂的网络是一个包罗万象的世界，囊括了所有的一切，涵盖了关于政治、经济、社会、文化以及生态的各类事务，揭示了万物之间相互依存、相互连接的关系。

互联网的连通性将无数的人、事、物连接在一起，碰撞出色彩缤纷、造型各异的绚烂烟火。这样的新社会、新世界意味着无穷尽的可能和变化，变化则意味着动荡与希望，唯有用开放的思维和姿态去拥抱美丽新世界，具备互联网思维，常将自己作为一个网络的节点来考虑，和更多的人分享、沟通、连接与融合，才能真正适应这个变化的时代。在动荡中播下际遇的种子，种子必然会发芽开花。

互联网思维是一种全新看待世界的方法，它影响并改变的是人们对世界的看法，因为我们所身处的世界是被互联网紧密连接着的世界。换句话说，因为互联网的出现和互联网思维的影响，我们的“世界观”正在发生改变。

在连接中融合，在融合中创新

思维如道，道法精妙，为万物之本源，如同世界观一般指导着我们。

---

① ［美］凯文·凯利：《新经济，新规则》，刘仲涛、康欣叶、侯煜译，电子工业出版社 2014 年版，第 2 页。

要深刻领会互联网思维并运用于实践，便离不开方法论的指导。互联网思维的方法论意义何在？纵观互联网浪潮中的成功与失败，究其根本原因，在于是否真正运用互联网的连通性，具体来说就是用连接一切的逻辑来指导实践。

唯有真正掌握互联网思维，才能真正站在风口浪尖上拥抱时代变化，获得成功。在这一场新旧秩序交替的革命中，无数风起于微时即起飞的企业如淘宝、京东等，翱翔于九天，成为代表着中国未来发展力量的中流砥柱；无数于互联网浪潮风起云涌之时便纷纷调转方向，转型互联网的企业如苏宁、诚品书店等，也续写了自己的辉煌，开启了全新的篇章。但还有更多的企业，被互联网浪潮席卷着踉跄而行，逐步落后于时代的大潮，成为变革中的牺牲品和失败者，如永辉超市旗下的生鲜电商网站“半边天”存活不足两个月；海尔集团与英国零售商 Argos 联合组建的电商网站“爱顾商城”正式运营不到三个月；富士康旗下的电商网站“飞虎乐购”早已宣告失败，在市场上踪迹难寻。

互联网思维的方法论看似招式众多，观点也都不尽相同，但是拨开层层迷雾般的种种言论，参透本质，我们便会发现，互联网思维方法论的本质，其实是提供了一种新的“社会元素”的组合方法，于是我们开始更多地谈论分享、开放、链接、跨界、融合、社群、口碑等。

马化腾曾说过这样一段话：“一个全新的互联网时代即将到来。这将是一个鼓励分享、平台崛起的时代，这个新时代，不再信奉传统的弱肉强食般的‘丛林法则’，它更崇尚的是‘天空法则’。所谓‘天高任鸟飞’，所有的人在同一个天空下，但生存的纬度并不完全重合，麻雀有麻雀的天空，老鹰也有老鹰的天空，决定能够成功、有多大成功的，是自己发现需求、主动创造分享平台的能力。”①在这个扁平化的连接时代，掌握互联网思维的方法论，一切皆有可能。

小米科技的创始人雷军提出了七字诀——专注、极致、口碑、快。所谓专注，就是将所有的精力和热情投入到一个着力点，具备着力点才能更好地发力；极致意谓着产品与服务要超越用户期待，带来心动感；口碑是互联网时代被充分释放能量的一个竞争力，口碑来源于用户，永远照顾好用户，想方设法维持用户忠诚度，让他们想要将产品分享给其他人，创造正向口碑；互联网时代的速度尤其关键，有时候“Second = Zero”，领先一步带来的不仅是先机，而是决定性的成败。

一方面，行业、学科间的交叉渗透催生了行业及学科融合的兴盛，如物理化学、天体物理、地球物理，互联网金融、互联网医疗、互联网教育等；另一方面，涌现了利用跨界的概念、理论、方法和研究手段对复杂的自然现象和工程技术、自然科学与社会科学、各类行业进行研究的综合性学科。这些知识和实践成果，被创新人才融会贯通地运用到创新的过程中，就会产生奇妙的创造，这些创造的相互碰撞、交叉、借鉴、融合又形成了独特的创新方式，实现融合创新。

基于互联网连接一切的技术基础，在连接中融合，在融合中创新，实现融合创新，这正是互联网思维的方法论意义和价值所在。

用户思维：互联网时代创新的不二法则

用户思维被称为互联网思维的“总决式”。

---

① ［美］克莱·舍基：《认知盈余》，胡泳、哈丽丝译，中国人民大学出版社2011年版，序言。

《论真理》中有一句哲学名言："人是万物的尺度，人存在时万物存在，人不存在时万物不存在。"这些闪烁着璀璨智慧的名言警句都在强调着人的重要性。在如火如荼发展的互联网时代，用户的重要性被前所未有地放大，错综复杂的互联网络上的每一个小点的背后，是一个个用户群体。我们在消费着互联网，互联网也在消费着我们。用户思维成为不单单存在于商业领域的普适思维方式，而是在人生的各个领域、生活的方方面面，我们都应开始重新回归人性的思考。

何为用户思维？

用户思维就是"以用户为中心"，说出用户想听到的话，做出用户所期待的事。其目的是为用户创造参与感、归属感和成就感，借此培育用户对品牌和企业的好感度、美誉度和忠诚度。在互联网时代，用户思维被视为最重要的招式，是一切互联网思维方法论的起点。

从品牌运营到企业经营，用户思维已然成为人人必提、事事遵循的灵丹妙药。身处聚光灯下的用户，拿起麦克风，掌握时代的话语权，用户成为市场的出发点，也成为市场的终结点。

用户思维之所以能够成为互联网思维的"总决式"，成为其核心所在，和互联网重塑着整个商业模式密不可分。不同于工业时代，互联网时代的用户已经摆脱了单纯的受众身份，拥有了信息生产、分享、再传播的能力，消费者被极大地赋权，企业的发展和用户的口碑密切相关。

把握用户思维的第一步，就是要把握人性，聚合消费者需求，换位思考，实现"忘我"，学会从用户视角出发。

腾讯创始人马化腾提出10/100/1000法则，所有的产品经理每个月必须做10个用户调查，关注100个用户博客，收集反馈1000个用户体验，只有这样才能真正把握用户想要什么。他提到："对于产品经理最重要的能力，就是把自己变成傻瓜，发现问题，然后想为什么这样？ 然后变成开发者。 一秒钟傻瓜，一秒钟专业。”周鸿祎也提出“一个好的产品经理必须是白痴傻瓜状态”。 具备用户思维的人不仅能够做自己，更能不做自己，忘掉自己长久以来积累的行业知识，以及有关产品的娴熟操作方法、实现原理等背景信息，将大脑从“专业模式、专家模式”切换到“用户模式”。 只有这样才能说出用户想听到的话，做出用户所期待的事。

今日头条提出“你关注的，就是头条”，一点资讯强调“你的一点更好看”。 所有的重心都围绕着“你”。 大众传播时代的头条由报纸编辑的专业决策决定，但到了互联网时代，思维的视角从报纸编辑转向了用户，用户关心的才是“头条”，这便是典型的用户思维。

用户思维，这一起于商业行为的思维模式，影响的绝不只是市场行为，纵观当下，我们会发现，用户思维已经影响着生活工作学习的方方面面，大到产品设计、市场营销，小到与人聊天，应聘面试。 用户思维开始成为互联网时代的生存法则。

把握用户思维的第二步，是要真正认识和理解何为用户。

过去，我们把用户抽象化，每个用户都是数字。

现在，我们把用户具象化，每个用户都是故事。

当用户被数字定义和阐释时，他们是冰冷的存在；而当用户被具象化，成为生动的故事时，才爆发出了生命力。 用户思维能够让市场交易关系里的人、网络数字代码之下的人变得有温度。

人生活在世界中，而世界是千变万化，由无数个场景构成的，他们有痛苦，有纠结，有喜好，要真正地了解我们的用户，就要走到他们生活里面去，跟他们交谈，体验他们的痛苦，感受他们的无奈，沟通要从心开始，唯有了解他们喜欢什么，需要什么，才能拉近和用户之间的距离。

让用户成为品牌的粉丝，先要和用户做朋友。

清唱文化有限公司是构架在艾小羊个人IP基础上的一家新媒体公司。以粉丝量级50万的订阅号“我是艾小羊”的用户为种子用户，用户画像是25~40岁的都市女性，爱生活，爱八卦，有一定购买能力和自主学习意识，尤其具有女权意识，向往男女平权。

基于这个用户画像，订阅号“艾小羊生活会”，时尚种草号，以闺蜜视角，谈论女性私密的话题，为追求品质生活的女性提供服务，同名微店“艾小羊生活会”延伸电商服务；服务号“清唱成长训练营”，以爱学习、爱美丽的女性读者为主要服务对象，目前主营的在线教育课程是减脂健身类，推出了减脂导师66，66老师所孵化出的个人IP——66的瘦身日记在各平台拥有20多万精准粉丝；订阅号“艾小羊高能写作圈”是艾小羊写作训练营课程的功能号，主要服务于写作训练营学员，提供投稿信息；有赞商城“小羊优品”已经做了三年，沉淀下来一批习惯于由其提供生活方方面面服务的忠实用户。

让用户具体化，成为一个个故事，不可缺少的是故事感和讲故事的能力。市值超300亿美金的Airbnb就是完全建立在故事思维基础上的公司。在整个经营过程中，他们创业的故事，房客的故事一直贯穿始终，构建了极高的品牌辨识度。正是在故事中，让用户具备了人情味，让场景不再是需要依靠想象的海市蜃楼，而是生活中点点滴滴的切实体验。

把握用户思维的第三步，是要认识到用户思维的落脚点。用户思维是为用户创造参与感、归属感和成就感的过程，从而培育用户对品牌和企业的好感度、美誉度和忠诚度。

从本质看，用户思维是在为用户创造价值，这种价值的创造要围绕用户真实存在的需求进行。参与感是用户价值感知最主要的来源，通过让用户参与到产品创新和品牌建设中，让品牌和用户、用户和用户产生互动，创造品牌的心动感。海尔推出定制冰箱，Netflix 利用海量的用户数据积累和分析打造出热播剧《纸牌屋》，间接创造了用户的参与感。用户在参与中形成互动，自发聚集为社群，极有利于推动产品的销售和品牌的构建。

优质用户体验是用户思维的落脚点。好的用户体验应该从细节开始，并贯穿于每一个环节，让用户有所感知，并且这种感知要超出用户预期，给用户带来惊喜，创造怦然的心动感。同时真情的交流，完整的情感互动贯穿于个性化、生动化的体验过程，打造优质用户体验。三只松鼠这个带着互联网的光环和契机走向第一的干果品牌，其成功的最大砝码，就是遵循了体验至上的原则，从下单那刻收到短信提醒起，到收到“鼠小箱”上的生动对话，再到打开包裹惊喜地发现体验品及一系列附属产品(湿纸巾、果壳袋、核桃夹等)，整个消费行为的过程都与“用户体验”密不可分。

互联网装修品牌“工长 360”的创始人于保罡，因为自己几次被坑的装修经历，创办了一家互联网装修公司。买房难，装修更难，十元的材料可能被装修方说成是百元的材料，这种不透明被众多业主诟病。随着年轻消费群体的崛起，互联网让家装行业的口碑变得更加透明，也让装修公司越来越重视产品质量和服务，必须让好口碑在平台上沉淀下来，80 后、90 后这些习惯“网购”的优质用户，才会主动找他们上门来做装修。借助互联网的口碑传播，互联网装修品牌工长 360 已服务武汉 7000 多位业主。

互联网平台对装修公司开启了赋能趋势，“工长 360”创始人于保罡说，交易方式的改变，互联网平台为用户和工长之间的交易提供了保障，促进了双方的信任度，而在线口碑的创建，更是为行业创造了新秩序，通过平台，用户可以通过口碑值选择更靠谱的工长。

对工长360平台来说，“专注装修施工”，是他们一直坚持的事情。传统的装修公司发包制，装修公司扣掉业主装修款的30%～40%作为固定利润再发包给项目经理，造成了装修价格虚高、后期不断加钱、工长态度差、设计师全程不管等问题。“我要价钱一次谈好，不能不断加钱；我的装修款要是安全的，不能被卷款而飞；我要能自己挑好工长，不能随便派给我；我要能知道工长的口碑和工艺；我要有第三方能监督工地，不能好坏装修公司说了算；我要能有跟装修公司一样的售后质保……”于保罡以自己作为消费者的顾客体验，建立了一套工长360的工长筛选体系、业主评价体系、施工监管体系、质保金体系、量房顾问体系，满足业主全包装修的需求。

工长360启动买家对卖家的“信用评价体系”，每一户屋主，用手机号验证写真实评价，你可以看到每一位工长历次装修的真实口碑。为了把整个装修监管做成闭环，不留漏洞，平台认证的每一位工长必须缴纳工程保证金才能入驻接单，万一出现“漏水”之类的装修纰漏，平台就用保证金来赔偿。平台提供统一的装修材料、靠谱的第三方监理和上门验收服务。

从18岁学习传统木匠手工制作，后进入装修行业，林三清在这个行业已经25年了。自2015年加盟工长360平台以来，他已为百余户武汉业主服务，因其对施工细节精益求精的精神，被顾客评选为“明星工长”。

“装修没有小事，有时候一个小的细节不注意就会直接影响住户的居住体验，所以我们每一个环节都要尽善尽美，尽职尽责地去完成。”林三清说。精益求精的品质精神和用户至上的服务精神是面对市场新趋势和新用户人群变化的原点。在于保罡看来，这种精神实际上就是一种用户思维，以用户为中心，为用户着想，对服务质量的要求不断提升，把装修的每个细节做到极致，做到完美。装修服务的品质靠“用户体验”和“用户感受”来评价，这就是互联网装修品牌工长360成功的奥秘所在！

互联网时代的很多创新未必是发明神奇的算盘，或像可口可乐一样找到新奇的秘方，或发现前所未有的物质。当今的很多创新是从用户出发，围绕用户去做很多细微的细节，去做持续的体验和商业模式的改进，最后让用户对你的产品或服务越来越依赖。

互联网时代，用户思维至上！

互联网时代，“得用户者得天下”！

“因为米粉，所以小米”

互联网时代的创新是断裂式的、破坏式的、颠覆式的。让用户亲身参与创新，从创新的源头开启颠覆，则是小米在互联网用户思维的成功创新之道。

小米公司成立于2010年4月，是一家专注于智能产品自主研发的移动互联网公司。“为发烧而生”是小米的产品概念，小米公司首创的以互联网模式开发手机操作系统、邀发烧友参与开发改进等模式，实现了巨大的用户认同和市场认可。

小米的核心理念是用户的参与感，通过参与感来完成小米的产品研发，来完成产品营销和推广，来完成用户服务，把小米打造成一个很酷的品牌，一个年轻人愿意聚在一起的品牌，这就是小米发展过程中最重要的理念，即“把用户当朋友”。

小米的用户关系指导思想是和用户做朋友。社交网络的建立是基于人与人之间的信任关系，信息的流动是信任的传递。企业建立的用户关系信任度越高，口碑传播越广。因此小米让员工成为产品的用户，让员工的朋友也变成用户，要求所有的员工“全员客服”，鼓励与用户做朋友。

小米实践的“参与感三三法则”，基于消费者选择商品的决策心理在这几十年里发生了巨大的转变：功能式消费（为了获取商品功能）→品牌式消费（追随品牌）→体验式消费（先体验后消费）→参与式消费（让用户全程参与产品制作的过程）。

基于此，小米思考如何在企业运营过程中快速地构建参与感，提出三个战略，即做爆品、做粉丝、做自媒体；三个战术，即开放参与节点，设计互动形式，扩散口碑事件。其中，做爆品：同一阶段只做一个产品，而且要做到这个品类的市场第一。做粉丝：让弱用户关系向更好信任度的强用户关系进化，让用户通过功能、信息的共享获益。做自媒体：鼓励引导每个员工、每个用户都成为“产品的代言人”，遵循“有用、情感和互动”的思路，只传递有用的信息，避免信息过载，通过个性化的情感输出来引导用户进一步参与互动，分享扩散。

三个战术则具体为：（1）开放参与节点：把做产品、做服务、做品牌、做销售的过程开放，筛选出让企业和用户双方获益的节点；（2）设计互动形式：遵循“简单、获益、有趣和真实”的设计思路对开放的节点进行相应设计；（3）扩散口碑事件：把基于互动产生的内容做成可传播的话题事件，让口碑产生裂变，让更多的人参与，同时放大已参与用户的成就感，让参与感形成螺旋扩散的风暴效应。

参与式消费意味着消费需求发生了一次关键的跃迁，消费需求第一次超出产品本身，不再囿于产品的物化属性，更多延伸到社会属性，让用户参与，能够满足年轻人“在场介入”的心理需求，抒发“影响世界”的热情，小米正式发现了“参与式消费”时代的到来，并满足了用户这个全新的消费心态。

昨日之因，今日之果。“米粉”之因，小米之果，是因为“米粉”而成就了小米的今天！

互联网思维下的商业模式创新

互联网时代，互联网真正让商业回归到人性，互联网思维成为一切商业思维的起点。

何为商业模式？

商业模式，是对一个组织如何行使其功能的描述，是对其主要活动的提纲挈领地概括。它定义了公司的用户、产品和服务，它还提供了有关公司如何组织以及创收和盈利的信息。商业模式与企业战略一起，主导了公司的主要决策。

周鸿祎在《周鸿祎自述——我的互联网方法论》中说道：“一句话，商业模式就是你能提供什么样的产品，给什么样的用户创造什么样的价值；在创造用户价值的过程中，用什么样的方法获得商业价值。”①

互联网思维下的商业模式创新，不是简单的商业整合网络技术，而是

---

① 周鸿祎：《周鸿祎自述——我的互联网方法论》，中信出版社 2014 年版，第 32 页。

一种“价值重塑”的深刻变革之路。

互联网商业模式指以互联网为媒介，整合传统商业类型，连接各种商业渠道，具有高创新、高价值、高盈利、高风险的全新商业运作和组织构架模式。

伴随着科技的发展，企业所带来的功能体验大同小异，消费者对情感体验的需求超过对功能体验的需要，审美将代替科技成为互联网价值网中最重要的性能属性。

互联网时代的企业，较之于传统企业，中间成本被无限压缩。小米利用口碑进行营销，通过用户预订量来进行生产，并通过自有电商平台进行售卖，这种模式实现了将广告费用、库存成本、渠道费用极大压缩。企业的利润来源不再是单一的产品售卖，而是可以通过后续递延利润的方式来获得盈利，比如京东主要的利润来源不在京东商城，而在于京东金融；小米可以不靠手机盈利，而是凭借各种增值业务、硬件配件、品牌周边及软件的分发。

互联网时代，我们已经从以商品为中心转为以用户为中心，从经营实物到经营用户，用户成为零售商最重要的资产和变现的基础。实物是手段，用户才是资产。

这种种变化说明，互联网解构和重塑了传统商业模式的价值，催生了各种各样的商业模式创新，“互联网 +”这一新力量正在推动着商业模式的创新和商业业态的变革。

满足“最后一公里”出行需求的摩拜，便是互联网思维下的商业模式创新的典型案例。

单车本身是中国社会街头巷尾常见的交通工具，尤其是交通越发拥堵的当下，单车在短途出行中发挥着重要的作用。有桩共享单车早已投放，但高昂的投放成本和运营成本、固定的还取地点限制和单一的盈利模式一直限制着其发展。

摩拜利用互联网思维对有桩共享单车的商业模式进行了全面的颠覆和创新。其推行的互联网短途出行解决方案，通过无桩借还车模式的智能硬件，用户能够通过智能手机快速租用和归还一辆摩拜单车。

摩拜单车具备顶级的用户思维。其具备紧抓用户“最后一公里出行”的痛点思维：“随时随地、在线找车；一键扫码，快速开锁；城市白线，便捷还车。”体现了体验为王和场景构建思维的极致运用。

摩拜单车是“互联网+”时代的产物，通过互联网技术极大地降低了投放成本和运营成本。智能手机代替了传统单车桩，降低成本的同时也为用户提供了随时随地、在线找车的便捷服务。同时通过互联网技术实现单车的管理和运营，可以运用最新的大数据分析技术来决定共享单车的投放地点和投放量，从而提高单车的使用率。

摩拜单车是共享经济的产物。互联网去边界化、去中介化和其平台属性，推动了共享经济这一基于陌生人且存在物品使用权暂时转移的商业模式的发展。Uber、Airbnb、摩拜等都被视为共享经济的代表作，实现了剩余价值的连接和交换。

互联网商业模式的创新，还在于其价值链的延递，能够实现二次打击。2017年5月19日，摩拜单车宣布“摩拜+”开放平台战略，布局生活圈、大数据和物联网三大开放平台。首批入驻摩拜“生活圈”的包括中国银行、招商银行、中国银联、百度地图、悦动圈、神州专车、华住酒店、富力地产8家品牌，涵盖电信、金融、出行、健康、酒店和地产等领域。

互联网时代的商业模式，是互联网思维在商业领域最为鲜活的尝试和最为深入的使用。用户思维告诉我们，这是一个用户至上的时代，社群商业模式就充分利用了用户的力量，实现流量的沉淀与变现。

未来的竞争不再是产品和渠道层面的竞争，而是终端消费者的竞争，跨界成为商业中的主流现象。马云曾说：“如果银行不改变，那我们就改变银行。”于是支付宝和余额宝应运而生，将我们带入无现金社会。小米不是一个传统意义上的手机制造商，而是横跨电视、汽车、智能家居等多个领域；谷歌不是一个简单的搜索引擎公司，而是研究自动驾驶汽车、可穿戴设备的多元科技公司。

免费商业模式成为这个信息过剩时代的制胜法宝之一，互联网企业在传统企业用来赚钱的领域免费，以此聚集大量流量，进而延伸价值链，通过增值服务来实现盈利。10亿级体量的社交媒体微信，以免费统治整个杀毒软件市场的360，70%利润来源于京东金融的京东，都书写了免费商业模式的神话。

移动互联网带来了O2O的商业发展模式，将互联网思维与传统产业相融合，打破线上线下边界，实现线上线下、虚实之间的融合。外卖平台饿了么、生活服务平台京东到家、线上超市盒马鲜生等，都是O2O商业模式的成功案例。

互联网本身就是一个巨大的平台，因此企业能够借助互联网这一大平台打造一个多方共赢互利的生态圈，如汇聚卖家和买家的淘宝、汇聚商家和食客的大众点评、汇聚图书和读者的亚马逊……

这是一个创新的时代，互联网让新生的力量喷薄而出，每时每刻，每分每秒都有新的东西诞生，也有旧事物的灭亡。唯有真正理解并运用互联网思维，才能在这个变化的时代更好地生存和发展。

画有法，画无定法；文有式，文无定式。创新有方法，创新没有确定的方法。互联网思维下的创新，没有固定的模式，没有既定的“套路”，正是因为如此，才具有无限的可能：在连接中融合，在融合中创新，在创新中创造未来！

第三章　批判性思维与创新

批判性思维：质疑中的“反省式思维”

“批判是人类文明进步的原动力”

批判的价值与意蕴：“扬弃”

“知识就是力量吗”？！

“互辩批判性”

批判性思维与创新

批判性思维：
质疑中的“反省式思维”

“学贵知疑，小疑则小进，大疑则大进。”“要创新，就要有强烈的创新意识，凡事要有打破砂锅问到底的劲头，敢于质疑现有理论，勇于开拓新的方向，攻坚克难，追求卓越。”2013 年 7 月 17 日，习近平总书记在中国科学院考察工作时的讲话中道出了创新的核心意蕴。创新就需要有质疑的勇气，而质疑的勇气与批判性的思维有着直接的关系。

质疑是思考的源头。“学起于思，思源于疑。”伏尔泰说：“质疑不是一种愉悦的状态，但深信不疑却是荒谬的。”苏格拉底认为，一切知识均从疑难中产生，愈求进步疑难愈多，疑难愈多进步愈大。批判性思维是大胆质疑而非愤世嫉俗，是思想开放而非举棋不定，是分析批判而非吹毛求疵。

批判是人类文明进步的原动力，而批判性精神则是原动力的“源泉”。

批判性思维：质疑中的“反省式思维”

批判性思维的概念源于古希腊，希腊语中批判性的词根为 kriticos 和 kriterion，前者的意思为恰当的判断，后者的意思为标准，其含义是“建立在某种标准上的恰当判断”。批判性思维的起源可以追溯到苏格拉底时期，脱胎于苏格拉底提出的“探究性质疑”。

批判不等同于批评，“批”是对事物的质疑和分析，“判”是基于思维逻辑的合理判断。批判性思维追求的是思维层面的开发，鼓励的是自由和独立的思考。

批判二字并非传统所指的贬义，它本属中性，既褒又贬，有两层含义：一是判断是非对错；二是分析并否定错误的思想或言行。但是批判又不是全盘的否定，而是理性地看待问题的各个方面，肯定其正确的部分，否定其不合理的地方，在综合分析和系统思考的基础上，进一步为创新打下坚实的基础。

批判性思维更多是杜威所描述的“反省性思维”，孔子也说过：吾日三省吾身，指的就是我们对于万事万物都不应该拘泥于固定思维下的刻板印象。事物都是具有两面性的，民间谚语说“硬币具有两面”，哲学家说“事物处于不断的变动当中”，毛泽东说“每一事物的发展过程中存在着自始至终的矛盾运动”。正是事物本身的复杂性和动态性，才决定了我们的思维也应该是批判的。

批判性思维的宗旨是追求真理，而不是哗众取宠。要成功解决问题，不钻牛角尖，就必须有正确的判断力。对信息能够抱有怀疑的态度来阅读，能够用求真务实、探求真理的态度来发现问题和分析问题，从而做出理性的判断和选择。

当人们普遍关注如何运用大数据解决商业问题的时候，美国 Infinidat 数据储存公司创始人、有着“高端存储之父”之称的莫西·雅奈（Moshe Yanai），专注于为这些想利用大数据的公司提供基础的数据存储服务。这个故事可能会让你想起当年在西部淘金浪潮当中贩卖牛仔裤和饮用水的商业传奇：当所有人都被思维惯性左右的时候，创新者总会跳出来，他们并不挖掘金子，他们更多的是对金子进行提炼。用莫西·雅奈自己的话说："炼金术，从砂砾中创造黄金。"这种颠覆性创新的"炼金术"，也就是成功经验里的第一条：研究传统认知，找出其中的问题。

批判质疑是通向发明创造的入口，没有质疑，就没有创新。合理的批判主义精神是个体创新素养的重要构成。世界上没有永远正确的理论和一劳永逸的技术，一切先例都是会被打破的，而未来的新理论和适用的新技术，都将由持有批判性思维的异见者们发现或发明，未来属于具有批判性思维的创新者。

"批判是人类文明进步的原动力"

在历史的长河里，作为人类创新思维的代表性力量，批判性思维对人类文明进步的各个阶段都产生了变革性的影响。

早在古希腊先哲时期，柏拉图、亚里士多德等人延续着苏格拉底的思想，以批判性思维启发人类的智慧。古希腊先哲群体的共同之处在于重视教育和实践训练，其教育思想的本质是对于"学习学"的思考——即如何进行学习的学问，其中重要的环节就是思维训练。这个时期希腊智者的实践，诱发人们进一步探求事情真相的需求。

批判性思维是一种逻辑的力量，通过系统地学习来提升自身的思维力，从而透过现象看到本质，启发新的知识和带来创新的原动力。先秦时代，韩非子在《韩非子·难一》中"以子之矛，攻子之盾"的故事，为哲学贡献了"自相矛盾"的思辨方法，至今对人们分析问题、表达思想仍有着深刻的启发作用。古希腊也有一个类似的"半费之讼"的故事——

一位名叫欧提勒士的人向著名的辩者普罗达哥拉斯学法律，两人之间订立了一个合同，约定在欧提勒士毕业时付一半学费，另一半则等欧提勒士第一次打赢官司时付清。但欧提勒士毕业后并不从事律师行业，总不打官司，自然没付另一半学费。普罗达哥拉斯于是向法庭状告欧提勒士，并提出了一个二难推理：如果欧提勒士这场官司胜诉，那么按合同的约定，他应该付清另一半学费；如果欧提勒士这场官司败诉，那么按法庭的判决，他也应该付清另一半学费。谁知欧提勒士针对老师的理论提出了一个完全相反的二难推理：如果他这场官司胜诉，那么按法庭的判决，就不需要支付另一半学费；如果败诉，那么按合同的约定，也不需要支付另一半学费。这一悖论的逻辑推理过程，无疑证明了批判思维的逻辑力量。

欧洲中世纪期间，系统的批判性思维传统体现在托马斯·阿奎那的著作和教学实践中，其中典型的代表是关于“上帝存在的五个证明”。比如他的第一个证明：世界上的事物都在运动着，某一事物的运动总是受其他事物推动，这个其他事物又受另一个其他事物推动，但总有一个最终的推动者，这就是“第一推动者”，“每个人都知道这个推动者就是上帝”。尽管托马斯的上帝证明是站在宗教神学的基础上，但是并不影响他的这种思维模式对后世的启发。正是这种对于现有事物的反思和批判，开启了现代物理学家对于第一推动力的思考。

把历史的钟表往前拨动，我们会发现一个很奇妙的假说——亚里士多德假说：物体的重量与物体的下落速度成正比。亚里士多德是苏格拉底的继承者，秉承对事物进行批判性、探究性的思考，其认为人的理性体现在思维和思想上，思维是人类理性进步和文明进步的动力。打破亚里士多德假说的是伽利略的比萨斜塔实验，伽利略运用批判性思维，推论出“物体的重量与物体的下落速度成正比”将导致逻辑矛盾，从而提出了

“在真空条件下，物体的下落速度与物体的重量没有关系”的新学说。伽利略的比萨斜塔实验主要体现了批判性思维的两个方面：首先，批判是找到问题解决方案的前提，也就是对旧事物、旧理论和旧思想进行审慎思考，通过质疑、反诘等逻辑演绎来思考问题的矛盾所在，从而在批判当中寻找新的思路和解决方案；其次，则是新问题的提出需要批判意识和怀疑精神，正如胡适所说的“大胆假设，小心求证”，历史上不论是哪一个假设，无不是在这种思维模式下得到合理的解释。具有批判性思维态度的人，绝不会把现存的、已有的视为理所当然。“尽信书则不如无书”，他们的思维总是向新的可能性敞开，勤于思考，勇于创新，脑袋里的新观念和新想法就像潺潺小溪一样永流不息。

文艺复兴带来了人类理性的光芒，批判性思维奠定了整个现代文明的基础。文艺复兴尽管起源于文学和艺术，但却在各个领域带来了人类社会的进步和创新，包括奠定了现代自然科学以及现代政治的基础。从文艺复兴的艺术领域来看，集中表现在绘画、雕塑和建筑等领域，其核心是人权对神权的宣战，反映的是人类开始思考自身存在的价值，而不是以所谓的宗教神权来决定人类存在的阶级。这种鼓励人们自主思考、勇敢质疑，在批判中创新的理性思维，构成了文艺复兴的精神。

如果从人类文明的角度来选择 20 世纪的代表性人物，毕加索肯定是可以入选的。毕加索的作品在某种意义上代表着欧洲 20 世纪的思想，即独特、创新、感化、改革的思想。毕加索说过，“向自己挑战是最重要的，我们最大的敌人是自己的作品永远不变，一样的思维方式，一样的作品主题，一样的表现技巧，一样的……”从毕加索的整个艺术人生来看，他是一个借鉴别人使自己作品受益的行家里手，毕加索早期还在巴黎一家小工作室时，法国艺术乃至欧洲艺术都形成了稳定的风格，人人竞相模仿德加作品，一时间“洛阳纸贵”。但立志于成为伟大艺术家的毕加索和他的朋友们，更多的是在深度学习和研究德加作品的基础上，发掘他创作的根本动机和意图，并且以更具创造力的方式诠释出来。在这种批判创新的思维下，形成了毕加索早期作品的特色，既深刻地把握了艺术作品作为情绪传递载体和社会现实之间关联的尺度，又独具一格。毕加索博物馆还曾专门举办了名叫“毕加索窥视德加”的展览，对于大师而言，这并非简单的抄袭，而是在批判中创新。

对于毕加索的批判式创新，德加大加赞赏：“他们盯着我，并且从我的口袋里掏东西。”然而“掏东西”绝非那么简单，毕加索的创新不仅在于自身作品的风格多样性，更在于他颠覆以及重组了人类的审美标准。毕加索和他的朋友们想要把他们在艺术上的创新扩大影响，他们意识到必须用更积极、更人性化的方式，让身边的艺术家和艺术受众了解他们的创新。在当时最有影响力的画贩子沃拉尔的帮助下，毕加索和他的朋友们通过举办画展、频繁曝光等炒作方式，将人们对法国的浪漫主义和印象派绘画的关注，导向了印象派、野兽派、立体主义等新鲜的绘画形式。也正是因为重新定向了人们的审美标准，毕加索才开始被人们熟知起来，批判性的思维力量由此推动了人类文明的进步。

现代对于批判性思维的系统研究和推行，主要源于20世纪中后期在北美兴起的一场教学改革运动，批判性思维在教育领域得到了重视，并且改变了过去以知识灌输为主的基本模式，转变为以创新人格和素质养成以及能力培养为主的教育模式。批判性思维之所以能够成为启动北美教育改革的关键钥匙，离不开美国实用主义哲学家杜威的教育哲学在其中发挥的重要作用。20世纪中后期，美国教育界逐渐达成共识：在当代民主社会中，在信息爆炸和知识快速更新的时代，教育的重点不应该放在传授离散和陈旧的信息和知识上，而应该放在探究、学习和思考的过程中；它的首要目标不是培养知道很多的“知道分子”，而是培养能够批判性思考，理性地判断和决策，有责任心，充满活力和创造力的公民。20 世纪 40 年代，批判性思维被用于标示美国教育改革的一个主题；20 世纪 70 年代，在美国、英国、加拿大等国教育领域兴起一场轰轰烈烈的“批判性思维运动”；20 世纪 80 年代，批判性思维成为教育改革的焦点；20 世纪 90 年代开始，美国教育的各个层次都将批判性思维作为教育和教学的基本目标。

武汉大学原校长刘道玉在卸任校长后，仍然关注教育方面的诸多议题，其研究旨趣也不断转向创造教育。他认为，教育价值观是导致我国教育诸多问题的根源，创新教育价值观刻不容缓。所谓教育价值观，一方面表现为教育的价值取向、教育价值的追求，以及凝聚教育价值的目标；另一方面表现为教育价值的尺度和准则，是人们评判教育价值有无、高低和大小的标准。传统的教育价值观在我国仍占据着主导地位，具体表现为：重实用而轻理论、重文凭而轻能力、重传统而轻创新、重视教育的工具价值而忽视教育的内在价值。① 建立正确的教育价值观，应使教育回归到本来的功能上——教育是以人为中心的事业，教育意味着启蒙人、解放人。从这个基本点出发，刘道玉校长阐明了正确的教育价值观应该是：呵护自由、培育兴趣、掌握知识、启迪智慧、树立诚信、享受快乐。反对灌输式的教育，反对分数挂帅，反对文凭至上，反对功利主义，使教育回归到“原生态”。创新教育关键在于思维教育，真正能教育好下一代的并不是单纯的知识教育，更多的是思维的启发和解放。

---

① 刘道玉：《中国必须创新教育价值观》，《人民日报》2013 年 10 月 15 日 第 5 版。

纵观人类文明的进步，从中国诗词歌赋的演进，到欧洲近代艺术和自然科学的发展，再到互联网时代的产品、商业模式的创新，无一不依靠思维的启发和解放，无一不遵循着批判中创新的逻辑。牛顿说，我不过是站在巨人的肩膀上。创新的重要逻辑是站在前人的肩膀上，但是缺乏对以往的批判，又如何产生新的知识？“Bad artists copy， Good artists steal.”批判性创新就是“聪明地偷盗”。创新本就不是无根之木、无源之水，创新的需求源于现实的需求，创新的方向是基于对当前标准的深刻反思，创新的动力来自于对当前的超越。不论是个体的创新还是组织的创新，乃至于整个社会的创新，如果缺乏质疑权威的勇气，缺乏对现有事实的反思，缺乏对事物深层次的思考，则创新往往没有起源，更没有动力，其结果不言而喻。

创新是基于对固有知识的批判性思考和创造性运用，在批判当中获取新的思路和方向，才能给知识赋予力量；在实践当中予以创造性运用，才能把这种力量释放，成为推动文明进步的力量。达尔文的《物种起源》，通过大量的考古发现，对神创论提出有力质疑，从此进化论成为生物学研究的基石。马克思的《资本论》，通过对剩余价值的重重论证，对资本主义进行了深刻地批判，成为全世界无产阶级运动的思想指导。

批判的价值与意蕴：“扬弃”

从创新的角度来看，如果要给批判找一个同义词的话，这个词就是“扬弃”。扬弃是一个哲学名词，德语 aufheben 的意译，意指任何事情都有好的和坏的一面。扬弃是黑格尔解释发展过程的基本概念之一。他认为，在事物的发展过程中，每一阶段对于前一阶段来说都是一种否定，但又不是单纯的否定或完全抛弃，而是否定中包含着肯定。扬弃是继承和发扬旧事物内部积极、合理的因素，抛弃和否定旧事物内部消极的、丧失必然性的因素，是发扬与抛弃的统一。

对旧有事物的否定，是创新的第一步，这好比人生，几乎我们的每一个决定，都是对上一个决定的否定，奥运会纪录就是通过不断否定的方式被刷新的。否定是进步的需要，也是进步的象征。从创新的角度来看，创新就需要对权威进行否定，但是这种否定并不是全盘否定、破坏性的否定，更多的是一种批判性的思维。就如汽车就是在否定马车的不足，尤其是动力的不足，利用蒸汽机、内燃机不断去升级汽车的动力，但是汽车又是在马车的基础上演化而来的，不论是车轮还是传动系统都既有否定性，又有沿袭性。在批判中否定，而不是全盘否定，这是批判性思维的一个重要特性。

批判并非简单地对对方提出的观点或者已存的事实进行否定，有一个小故事可以很好地理解这句话的内涵。

据史料记载，苏格拉底相貌丑陋，不修边幅，整日在市场当中闲逛。古希腊时期的市场不仅仅是商贸往来的场所，更是公众表达的空间。有一天苏格拉底正好遇到一位年轻人在宣讲美德，苏格拉底听了之后很感兴趣，假装无知的样子去问这位年轻人："请问，什么是美德？"年轻人一副不屑的口气回答："这么简单的问题你都不懂？告诉你吧，不偷盗、不欺骗之类的品行都是美德。"

苏格拉底继续问道："不偷盗就是美德吗？"

年轻人点头肯定说："当然，偷盗肯定不是美德。"

苏格拉底慢慢说道："我记得在军队当兵的时候，有一次接到指挥官的命令，让我深夜潜入敌人的营地，把他们的兵力部署图偷出来。请问，我这种行为到底是美德还是恶德？”

年轻人犹豫片刻，辩解说：“偷盗敌人的东西当然算美德，我刚才说的不偷盗指的是不偷盗朋友的东西，偷盗朋友的东西肯定是恶德。”

苏格拉底有条不紊地说：“我的一个好朋友遭到天灾人祸的双重打击，他对生活绝望了，于是他买了一把尖刀藏在自己的枕头下，准备夜深人静的时候自我了断。我得知了这个消息之后，趁着傍晚悄悄把那把刀偷了出来，使他免于一死。请问我这种行为到底是美德还是恶德呢？”

年轻人顿时哑口无言，开始承认自己的无知，于是他向苏格拉底请教到底什么是美德。

故事到此就结束了，其目的不在于告知读者什么是美德，而是启迪我们的读者：对于事物的认知，需要具有这种批判性思维，看到事物的正反两面，从而在这种综合分析和批判的基础上形成新的洞察。

风靡一时的中国首档说话达人秀《奇葩说》，仅靠蔡康永、高晓松、马东以及“奇葩”辩手们的三寸不烂之舌，就吸引了大批的“80后”“90后”拥趸，成为现象级的网络视频节目。该不该看伴侣的手机？举报作弊我错了吗？虚伪是好事吗？该不该催好朋友还钱？认真你输了吗？这些看起来泾渭分明的对立观点，却在选手们的批判中被打破，又被重塑。前一秒你觉得正方说得真好，对，就是那么回事。但是下一秒，你又被反方折服。这就是批判性思维最典型的体现。有观众留言说，看完节目之后就在网上疯狂搜罗专业的辩论赛视频，说实话节目并没给我带来什么，却教会了我用思辨的方法去看待每一个问题。《奇葩说》的可贵之处就在于，对现实生活中那些看似合理的现象，提供了一个让人可以批判的平台。

关于鱼雷，历史上有一个经典的案例。1914—1918年“一战”期间，处于发展中期的德国传统鱼雷，共击沉总吨位达 1200 万吨的协约国商船，险些为德国赢得海战的胜利。但当时美国的鱼雷速度不高，德国军舰发现后只需改变航向就能避开，因而命中率极低，军方想不出改进的方法。于是他们去找爱迪生，爱迪生既未做任何调查也未经任何计算，当即提出一种让人意想不到的办法：要研究人员做一块鱼雷形状的肥皂，由军舰在海中拖行若干天，由于水的阻力作用，使肥皂变成了流线型，再按肥皂的形状建造鱼雷，果然收到奇效。从老式鱼雷到今天我们普遍认知的鱼雷，其实并没有多大的人为改动，爱迪生遵照自然规律，利用事物自身的矛盾，来实现了事物的创新和进步。这一转变过程，正是思维的力量，舍弃了老式鱼雷的不合理成分，保留了其合理成分。

在人类文明史上，“笔”承载了文明的根基。公元前 3000 多年，人类就开始使用芦苇笔；由于芦苇生长环境有限，羽毛笔逐渐代替了芦苇笔；由于羽毛笔笔尖容易磨损，进一步演化为金属制的钢笔，并使用至今。

1780 年，英国伯明翰的戒指技师哈里森利用手工技术制作了今天钢笔笔尖的雏形。之后人们把金属片压制为开缝而成的笔尖，安装在大多数的笔杆上，笔尖上还有不同的孔和褶皱用来暂存墨水。1809 年，与今天钢笔相似的贮水笔诞生于英国，在此之前，多数贮水笔的墨水不能自动流动，写字的人需要按压活塞控制墨水。1822 年，英国伯明翰的约翰·米切尔开始量产带金属笔尖的钢笔。这些蘸墨钢笔有着较为华丽的把手和金笔尖，金笔尖不光是一种装饰，也因其化学性质稳定，能抗得住当时粗糙的墨水配方的侵蚀；而为了防止金笔尖磨损过快，工厂在笔尖处焊上一小粒既硬又抗侵蚀的铱珠，这便是人们口中所讲的“铱金笔”。但直到 19 世纪 50 年代，一些美国的制笔商才将铱制的金笔尖、硬橡胶和自由流动的墨水组合在一起，制成今天的钢笔。

旅行墨水瓶使维多利亚时代的钢笔得以被携带出门，事实上它并不方便。1867 年，墨水囊和输墨系统的专利被两个美国人获得，于是那些量产的钢笔上也有了较为“保险”的墨水囊。数年后，沃特曼发明的供墨装置，似乎解决了钢笔的“最后问题”，他“发明”的钢笔可以随着笔尖的移动控制输墨管，使墨水可以按照需要均匀地流向笔尖，至于一些多余的墨水，沃特曼则用笔尖下的空腔来容纳，避免造成墨渍。

谈及钢笔的演进过程，则不得不提派克笔。“永远致力于制造更好的笔”，这是派克创始人乔治·派克先生一直以来的理念。1888 年，时年 25 岁的乔治·派克先生任职于瓦伦丁学校，当时普遍采用的是沃特曼发明的玻璃管钢笔，在使用时极易漏墨，派克在给学生修钢笔的过程中便萌发了“做更好的钢笔”的想法。派克钢笔首先要解决的问题就是漏墨，他将墨水存储管的外形改造为弧形，利用吸水管压力作用把墨水输送回笔管的储存部分，这使得派克钢笔可以在非使用面直立摆放的时候不至于漏墨。此后，秉承“做更好的钢笔”这一经营理念，1932 年，派克公司采用了笔管活塞真空加墨，取消了墨囊，储墨量增加一倍；1941 年出现的“派克 51”又将管状笔尖、复杂的余墨收集器都包裹在水嘴的外壳内；1956 年，派克公司又在“61 系列”中应用了毛细管加墨，只需将笔管末端拧下，浸入墨水瓶中 10 秒钟即可，光滑的碳氟化合物表层也不会沾上多余的墨水。

正是这种不断地批判、扬弃，派克钢笔一直保持着高端品牌的象征，它的意义已经远远超出了书写工具的概念。它曾追随阿波罗宇航员漫步月球，见证 1997 年香港回归仪式，多次作为礼品赠与白宫访客，尼克松 1972 年访华时给毛泽东主席带来的见面礼，也是加入了宇航员从月球上取回土壤的特别款派克金笔。在派克笔下，出现过柯南道尔的福尔摩斯，海明威的《老人与海》，林语堂、张爱玲的心中所思都是通过派克笔传情，更别谈多少人用它签下自己的名字，派克笔见证了一个个历史上重要的时刻。

从人类书写工具笔的进化不难发现，创新本身就是一个过程，颠覆性的创新不可能立刻降临，更多的是通过细微的、局部的创新带来最终的形态演变。派克钢笔也是在这种不断扬弃的过程当中，不断完善自己、调整自身，更好的笔的理念也启迪我们，创新永远都是一个扬弃的过程，创新是有选择性、有针对性地解决问题的方式和方法。

国学大师王国维曾用几句诗词来比喻做学问的三重境界：第一重是“独上高楼，望断天涯路”，形容的是初学者略知一二而踌躇满志的样子；第二重是“衣带渐宽终不悔，为伊消得人憔悴”，说明做学问之不易；第三重是“众里寻他千百度，蓦然回首，那人却在灯火阑珊处”，这就是人们在做事情、做学问的时候，忽然间峰回路转、柳暗花明、豁然开朗。创新亦然，创新并不是某一刻的灵机一动或脑洞大开，创新是一个系统的过程，创新同时具有否定和肯定的双重意义。创新也只有通过对旧有事物进行否定的同时，发扬其优秀的一面，才能实现事物的进步，才能达到“那人却在灯火阑珊处”的境界。

敢于创新者必然勇于批判、敢于探索，毛泽东就是勇于批判、敢于探索的创新者、先行者，不论是早期的陈独秀还是李大钊，都是共产主义的布道者，但是远远称不上使用共产主义解决中国问题的实践者。真正提出马列主义要中国化的是毛泽东，他对于马列主义进行批判继承，结合中国革命的实际情况，探索出了解决中国问题的中国道路，在批判、否定、创新中前行。善于不断否定自己的人，不仅是具有真正的大勇敢，更是具有大智慧。

“知识就是力量吗”?!

“知识就是力量吗”?

运用批判性思维，我的理解是：知识本身不是力量，知识是力量的基础，知识创新才是真正的力量。

经验主义哲学的奠基人、英国伟大的哲学家弗朗西斯·培根(1561—1626)在《沉思录》中说过“知识就是力量”这句至理名言。如果我们由表及里、由浅入深，用批判性思维去理解这句名言，则有另一片天地。

“知识就是力量”这句经典名言具有其时代特征。彼时人类的知识产生主要依赖封建宗教神学的解释，随着资本主义生产方式的发展，人们在实践当中通过探索和研究得到的知识成为人类发现自然规律和利用自然规律的力量。培根当时提出“知识就是力量”产生了极为强烈的震撼力，启迪了人类对于真知的追求，表明的是人类理性思维的崛起。知识就是力量，强调的是科学知识是人们改造自然的强大力量，是实现人类普遍利益的有力武器。知识都是从实践中来的，科学知识是人们认识自然、改造自然实践经验的总结和概括，它又反作用于自然，成为人们支配自然、控制自然的力量。

随着时间的流逝，现代社会对于知识的追求仍未改变。但是人们往往忽视了培根真正想表达的意思：人们不能任由思考自由发展，因为人的思维存在很多的定势，就类似人们对于“知识就是力量”这句话的解读。单纯的知识并不是力量，因为同样的知识给不同的人吸收的结果不一样。文艺复兴时意大利一位哲学家说，追求真理的学者应当是一位异见者。在科学发展的历史上，许多伟大的科学家在当时的理论体系中都是异见者——相对于牛顿的经典力学，爱因斯坦是异见者；相对于托勒密的地心说，哥白尼是异见者；相对于有线电话，第一个发明手机的马丁·库帕是异见者……

著名哲学家维特根斯坦说，哲学所能做的一切就是破除偶像。知识并非一成不变，更不会成为永恒，人类的文明始终在探索未知世界当中不断演化。当艾伦·图灵在1950年提出人工制造智能的愿景和路径的时候，关于人工智能的知识仍然停留在早期形态，在之后60多年的发展中，随着对于人工智能知识的探索逐渐升级完善，人工智能才从实验室走向了实际应用。从某种意义来看，人工智能是一种新的知识体系，但是要让这种知识体系能够成为一种力量，不仅仅需要知识结构自身的演化，更需要使用知识的人类在实践当中能够创造性地运用。如果说知识就是力量，但若不能够把这种力量在实际问题当中进行批判性思考、创造性实践，那么知识的力量也会大打折扣。

成功学家拿破仑·希尔在《思考致富》一书中说道："只有将知识组织起来，并通过切实可行的行动计划，巧妙地向积累财富的目的迈进，知识才具有吸引力。"

知识本身不是力量，知识的力量在于使用、在于创新、在于活学活用。知识创新是真正强大的力量，只有知识不断创新，才能使认识不断深化，转化为改造世界的力量。知识只有在实践中创造性地运用才具有真正意义上的价值，才会从知识中产生"智识"和智慧。

北京大学哲学系教授陈波提出：未来的文盲并非是没有知识的人，而是没有思维能力的人。人从外界获得的种种信息，只有经过思维加工，才能被称为知识。在这个大数据时代，数据无处不在，万物皆可数据化，但是数据就是知识吗？不，数据仅仅是信息的集合，只有通过对信息系统化、结构化、动态性地吸收和批判，才能形成知识。拥有数据的人很多，但是通过数据解决问题的，却始终是那些具有创新思维和善于运用知识的个体。

知识并不是力量，知识只是潜在的力量，只有与明确的行动目标和明确的行动计划相结合时，知识才能成为力量。而学习知识是为了更好地运用知识、创造知识、创新知识，这才是“智”识，才是伟大而具有生命力的智慧。

妙用知识，存乎一心；取法乎上，得道其中。

“互辩批判性”

“玻尔，上帝不掷骰子！”

“爱因斯坦，别去指挥上帝应该怎么做！”

爱因斯坦和玻尔，这两位物理学界的殿堂级科学家，一方持相对论，一方持量子力学，从 1920 年第一次见面起就开始“互怼”，至死未休。但两人都给予了对方很高的评价甚至是感激——爱因斯坦评价玻尔是“科学领域最伟大的发现者之一”，玻尔称与爱因斯坦的争论是自己“新思想产生的源泉”。因为要想驳倒对方，两个人都必须在自己坚持的领域持续探索，不停开展新的实验、提出新的设想、验证新的理论。这场科学界的“世纪争论”至今仍很难说分出胜负，但谁都无法否认这 100 年来物理学研究所取得的巨大进步就是“互辩”所带来的巨大力量。

事实上，在中华五千年文明史上，“互辩”（或者说“对辩”）一直闪耀着思想的光芒，甚至决定了历史的走向。晋代哲学家郭象注释庄子《齐物论》时说“并逐曰竞，对辩曰争”，而庄子所处的春秋战国时期，

“对辩”正是百家争鸣的典型表现方式。王霸之辩、义利之辩、天人之辩、人性善恶之辩……儒家、法家、道家、墨家、阴阳家、名家、杂家、农家、纵横家、兵家……无数士子通过彼此诘难、相互争辩，反省、完善、提升自己的治国理政之道，并由此入仕，出将入相，帮助战国列强争霸天下。更重要的是，通过这些“互辩”带来的思考，诸子百家纷纷著书立说，阐述各自的思想和政治主张，留下了对后世影响深远的政治思想文化学说。

随着封建大一统的国家形成，封建阶级出于统治需要而推行大一统的统治思想，“百家争鸣”的盛况再难出现，但这种“互辩”的精神一直都在延续。

互辩的力量，在于将批判性思维带入了“双向”。单向的批判性思维，是批判主体以更高视角去批判，批判客体进行吸收和提高。而在一个集体中，一个社会中，很少存在绝对的高和低，此时一个善于“互辩”的群体，往往能够在争论中完善、在反思中提高，从而取得更高的成就。

从历史的维度看，中国共产党就是这样的一个群体。党的“三大法宝之一”——批评与自我批评——就是典型的“互辩批判性”思维。就如著名作家黎汝清在其作品《万山红遍》中所说，真理越辩越明，道理越讲越清。

早在1945年抗战即将迎来胜利时，著名的民主人士黄炎培曾在延安窑洞和毛泽东进行谈话，他说：“我生60多年，耳闻的不说，所亲眼看到的，真所谓‘其兴也勃焉，其亡也忽焉’。一人、一家、一团体、一地方乃至一国，其兴也勃焉，其亡也忽焉。大凡初时，聚精会神，没有一事不用心，没有一人不卖力，但最终政怠宦成的也有，人亡政息的也有，求荣取辱的也有。总之没有能跳出这个周期律的支配。”黄炎培所总结出来的“历史周期论”，是结合了大量的事实所总结出来的一种看似既定的规律，尽管具有深刻的历史反思。

在回答黄炎培“历史周期律”的疑问时，毛泽东坚定地说，我们已经找到新路，我们能够跳出这周期律。这条新路，就是民主，只有让人民来监督政府，政府才不敢松懈；只有人人起来负责，才不会人亡政息。中华人民共和国成立后，毛泽东把这种做法上升为“领导国家的一种方法”——发展各种意见之间的相互争论和相互批评，既容许批评的自由，也容许批评批评者的自由。从历史的变迁规律来看，过去漫长的专制政权的确呈现出黄炎培先生所说的问题或者现象，而共产党人提出的民主道路无疑是在这种专制政权以及孙中山先生三民主义思想基础上所作出的创新。

科学和技术的创新也是如此，很少有一鼓作气、一蹴而就的，需要在“前人的做法”和“自己的想法”之间不断“互辩”，才能结出创新之果。

对互联网历史有所了解的读者，肯定对发生在2010年的“3Q大战”印象深刻，这场迄今为止互联网行业诉讼标的额最大、在全国有重大影响的不正当竞争纠纷案件，持续了四年之久，被腾讯称为历史上最大的危机。但今天的腾讯却对这场危机充满“感谢”，因为在与业界批判、网民诘难的“互辩”中，腾讯公司开始反思、检讨，并从此积极推动平台开放，构建开放、共享的互联网生态链。同时，“3Q大战”中持有不同观点的行业、用户、法律界各方，也在充分的“互辩”中，对互联网的生态有了更深的思考，促进了中国互联网企业创新生态的营造。

“互辩”的双向思维意识，对未来的教育更具有借鉴意义。长期以来，我国的基础教育以“填鸭式方法”而广为诟病，即使是现在颇为流行的素质教育，往往也都是“我教你听”。相比让孩子不停地增加需要学习和掌握的领域，更重要的是让他们掌握激发创造思维能力的方法。而要激发他们的创造能力，最好的方法无疑是学生与老师“互辩”起来，以问题的形式呈现知识主体内容，让学生们深入思考、提出质疑，与老师互动、对辩，延伸他们的思维触角，培养他们的创造性思维能力。唯有如此，未来的他们才能成为创新的主角。

批判性思维与创新

“麦哲伦不惧怕风暴，完成环球航行的壮举，从此人类走出天圆地方的误解；哥白尼不盲从权威，创立太阳中心学说，从此人类开启对宇宙的全新认知。每一次探索，都需要对真相的坚持；每一次坚持，我们离真理更近一步！不墨守成规，不偏执己见。与真理为伴，中国之声。”广播节目“中国之声”的广告语，阐述了人类打破常规的思维方式对社会进步的决定性意义。这种打破常规的智慧，就是运用批判性思维进行的创新。

多少辆马车相加都不能得到一列火车！创新学家熊彼特用一个形象的比喻，点出了创新的要诀：创新需要把一种从来没有的关于生产要素和生产条件的“新组合”引入生产体系中去，以实现对生产要素或生产条件的“新组合”。

在快速迭代的互联网时代，只靠灵机一动或许也能取得昙花一现式的辉煌，但成功的企业需要基于对细微线索广泛而深入的调查，不断扬弃，不断完善，从而产生智慧的洞见，开启一段佳话。阿里巴巴一手打造的“光棍节”，起源于2009年淘宝商城的促销活动，经过十年来的进化和创新，已成为我国互联网领域的重要“节日”，其内容得到了延伸，其商业模式也在不断地演进，从简单的电商促销到走向国际市场，甚至激发了当前的新零售革命。而这一创新的源头，不过是网络文化视域下的一场商家促销活动，借助11月11日和单身的“形似”，展开意义上的关联，从而不断演化。这一切离不开批判性思维这一人类创新素养当中的核心能力，即对于细微线索展开广泛而细致的调研，也体现了批判性思维的另一特质——即批判不是否定，而是扬弃。

“双11”的案例还证明了，创新并不是一次性的，也不是结果性的，创新是动态的、持续的，通过日常的细微创新、持续创新，才能带来所谓的颠覆性创新。“双11”在十年来的演进过程当中自身也发生了诸多的演变，补充了新的元素和新的内涵。而提供持续创新的动力则是人的思维和人类的主观创造性，这也是现实环境所要求的。因而阿里巴巴集团CEO张勇说：因为市场在变，用户在变，商家做生意的方式在变，阿里巴巴愿意为变革付出成本和代价，只有顺应这种变化，去引领这些变化，才能一直走在时代的前列。

正是秉承这种不断自我批判、自我扬弃的理念，阿里巴巴又在2016年推出了针对年轻人的另一个节日：淘宝造物节。在淘宝造物节中，可以看到全球最顶尖的高科技、明星偶像网红“造音造艺”、精灵古怪的淘宝店……众多潮玩、运动等青年群体还以“部落”的形式展示自我，展现自己的新奇创意。“造物节”也反映了一个互联网时代的新现象：生产要素或生产条件的“新组合”，通过快速传播被几何倍数放大，使得一些创新看起来没有那么“连续”，引起“颠覆式创新”。就像网文所说的——

让尼康关闭中国工厂的不是佳能和索尼，而是智能手机的崛起；

打败康师傅和统一的不是今麦郎,而是美团、饿了么这样的外卖平台;

口香糖销量锐减的原因不是木糖醇,而是空余时间给了朋友圈和王者荣耀;

打败百货公司的不是另一家更好的百货公司,而是电商;

让报纸日渐凋零的,不是电视,而是微信;

甚至消灭扒手的不是警察,而是扫码支付"消灭"了现金……

有人说，时代变了，规律从“牛顿力学”变成了“量子力学”。牛顿力学的规则是：世界是渐进变化的，因果关系是对应的。而量子力学的规则是：世界是跳跃发展的，原因和结果是不能一一对应的。

如果说钢笔的创新是连续的，那么乔布斯和宫本茂的创新就是“颠覆式”的。苹果对于用户领导下的创新从来都是不屑一顾的，认为产品的创新必须来自专业人士的颠覆，如果你去问用诺基亚的用户想要什么样的手机，iPhone 时代的到来可能要晚很久。同理，宫本茂和任天堂的工程师设计的游戏，不同于市场上大量将发行过的类似游戏“旧瓶装新酒”的做法，而是想象力和革命创新完美的结合，颠覆已有的审美标准。

然而，无论是连续式创新还是颠覆式创新，背后都是批判性的思维方式，不断批判，不断扬弃，最终实现创新。未来会是什么样子，或许我们无法准确预知。但未来属于谁，我们却非常肯定，那就是：未来属于具有批判性思维的“批判者”！

批判是人类文明进步的原动力，批判性精神是动力的“源泉”，而批判性思维引领着创新的未来！

第四章 统摄思维与创新

统摄思维，沙里淘金

同中观异

异中观同

一分为二与合二为一

统摄思维的典范：三个世界的划分

统摄思维，沙里淘

“盘游九地，统摄万灵”，拥有水神属性的玄武，能刚能柔，润联万物，调动天地万灵，这是统摄能力的体现。“善张网者引其纲，不一一摄万目而后得。”自古以来对统摄调动的论述颇多，统摄思维运用在实践中具有重要的价值与意义。

由部分到整体，由局部到全局，由一分为二到合二为一，在相同事物中找不同，在不同事物中找相同，这其中蕴含着统摄思维的创新性运用。统摄思维所彰显出的智慧如同大浪淘沙般在思维的天地间熠熠生辉，光彩夺目。

统摄思维，沙里淘金

统摄思维又称为综摄思维，是指总揽全局，用系统的视角或整体的格局去分析问题，也称系统性思维或者整体思维。

统摄思维起源于希腊语 Synectics，字面的意思是“共同研讨”，起初是作为一种解决问题的方法，运用于各种类型的思维训练活动当中。统摄思维自古有之，其正式被提出以及得以扩散则应归功于美国麻省理工学院的创造学家威廉·戈登。

统摄思维面对的是大千世界当中的诸多元素，世界虽然是物质构成的，但是物质彼此以不同的形态呈现，各自分离，而统摄思维要做的就是把分离的元素组合起来。按照威廉·戈登的实践，通过建立创意小组，基于某种目标来分析和解决问题，该小组的创意过程重在突出思维当中的非理性成分，发挥非理性思维的作用，从而获得对要解决问题的具有独创性和启发性的看法以及创意。

在 20 世纪 40 年代，威廉·戈登为 MIT 校友的一家咨询管理公司 Arthur D. Little 从事发明设计方面的顾问工作，在这一过程当中，威廉不断发展其提出的这种统摄思维，并将其应用于发明创造当中。他提出创造发明并不是寻找已知的练习，而是寻找未知的练习。只有去翻知识的垃圾箱，才能把似乎无关的东西联系起来，从而奠定了统摄思维的基本要义，即“异质同化”和“同质异化”，也就是说，发明创造应该是把“陌生的事物变熟悉”和“把熟悉的事物变陌生”。正是凭借这一思维方式，威廉·戈登从 20 世纪 50 年代起到 80 年代都是美国高产的专利拥有者，他的发明创造包罗万象，从机械工具到人工降雪，从餐厅坐垫到口红容器，甚至对动物轨迹追踪的方法他都具有独特的见解，而奠定威廉·戈登这一创造学家地位的则是其背后这一套统摄的思维方式。

追究统摄思维的起源和发展，我们也发现了另一位不得不提的广告人乔治·普林斯(George M. Prince)，他最为出名的一本书是 1970 年出版的 *The Practice of Creativity*，即《创意的实践》，而如何提升创意力是乔治·普林斯一生的印记，这一印记也保留在他的咨询公司当中，其建立的公司正是以 Synectics① 命名。乔治生于 1918 年，“二战”之后，他加入到罗

① 中文翻译为协同创作法、分合法等，作者注。

切斯特的一家广告公司，一直做到了公司的副总裁，在从事广告的过程当中建立了其对于创意与创造相关的思维活动的认知。一次巧合的机会，他参与了 Arthur D. Little 公司的一个关于创意的实验，这无疑满足了他对于创意过程研究的兴趣，于是他以经理的身份加入了该公司的发明设计小组，和威廉·戈登共同工作。不同的是，1960 年，乔治又联合该小组的三名同事离开了 ADL 公司，成立了自己的咨询公司——Synectics，继续关注创造性过程的研究。

统摄思维是一种典型的聚敛思维，也是一种集中性的思维，和发散思维(本书第五章有专门论述)恰恰相反，统摄思维更加强调思维逻辑的系统性和整体性，通过对大千世界当中的万事万物进行综合的、统摄的收敛，在集中的思考当中寻找事物共同的本质，从而实现同中求异，或者异中求同的创造与创新。

我们从小就耳熟能详的“曹冲称象”这一故事，就是典型的统摄思维的应用。汉末三国时期，有一次，东吴孙权送给曹操一只大象，曹操十分高兴。大象运到那天，曹操带领文武百官和曹冲一同去看。曹操的人都没有见过大象。这大象又高又大，光是腿就有大殿的柱子那么粗，人走近比一比，还够不到它的肚子。曹操对大家说：“这只大象真是大，可是到底有多重呢？你们哪个有办法称它一称？”一个属下说：“造一杆大秤来称。”另一个说：“把它杀了，切成块儿称。”这人话刚说完，所有的人都大笑起来。反驳说：“你这个办法可不行，为了称重量，就把大象杀掉，不是因小失大么？”大臣们想了许多办法，一个个都行不通。这时，曹冲对曹操说：“父亲，我有办法，可以称大象。”曹操问：“你有什么办法？说说看有没有道理。”曹冲趴在曹操耳边，轻声地说了自己的办法。曹操听后连连叫好，吩咐左右立刻准备称象，对大臣们说：“走！咱们到河边去看称象！”众人来到河边。河里停着一只大船，曹冲叫人把象牵到船上，等船身稳定了，在船舷上齐水面的地方刻了一条记号。再叫人把象牵到岸上，把大大小小的石头，一块一块地往船上装，等船身沉到刚才刻的那条记号一样齐时，曹冲就叫人停止装石头。大臣们看后恍然大悟：只要把船里的石头都称一下，把重量加起来，就知道象有多重了。

曹冲称象运用的方法，就是典型的把陌生的事物转变为熟悉的事物，当时并没有足够的秤来为大象这种庞然大物进行测量，如果按照大臣们提出的办法，很明显在当时的技术条件下无法实现。曹冲的思维则是把大象这一陌生的事物类比为其他的熟悉事物，不论是大象还是石头，放到船上，都会导致船的水位下降，那么用可以化整为零的石头来类比大象，就能最终解决这一技术难题。说完曹冲称象的故事，不得不对本书的读者问一句，如果是您，又该启用何种思维找到合适的解决方案呢？

统摄思维在实践中的运用，可以归纳为两个基本维度，其一是同中观异，其二是异中观同。

同中观异

同中观异，指的是在事物相同的元素和特征当中寻找事物之间的差异，其前提是聚集于某一特定的目标。同中观异作为统摄思维的一个维度，是一种综合性的、系统性的思维，在共同当中发掘未知。具体表现为类比的思维方法，比如通过结构类比、联想类比、因果类比乃至综合类比等具体的途径来实现对已有事物的突破，从而发现和创造新的事物。这种对已有元素的分离与组合，高度契合广告创意的基本原则，即“旧元素、新组合”。提及广告创意，实际上很多经典的广告创意案例都是思维的产物，创意本身就是某种思维或者多种思维驱动下形成的所谓的“金点子”。

以 M&M 巧克力豆为例，一则“只融在口，不溶在手”的经典广告语延续了半个世纪之久，尽管广告只是尽可能地为玛氏生产的巧克力豆寻找到卖点，但是离不开 M&M 巧克力豆自身的与众不同。巧克力是通过可可豆转化生产出来的一种脂化食品，在“二战”之前的美国和欧洲，巧克力的形态都是差不多的，主要成分是可可脂。而可可脂作为巧克力豆的主要成分，经过糊化加工之后，其滴落点温度为 36℃~37℃，恰好是人体正常的温度，因而消费者在食用巧克力豆的时候，巧克力豆很容易在手中就开始融化，恰恰巧克力产品美味之处就在于融化之后的口感，这看似是一对无法解决的矛盾。玛氏食品公司针对当时巧克力豆产品普遍存在的这一问题，进行了优化和改进，也就是在巧克力豆的表面加入了一层薄膜糖衣，糖衣阻止了巧克力豆在手上融化，同时糖衣又是一种可食用的、溶于水的合成品，因而又不影响人们食用巧克力豆。一层小小的糖衣不仅仅带来了一个品牌数十年的成长，也给其他领域带来了启示，如制药公司开始给药片加上糖衣，缓释药品效力，从而延长药品作用的时间，同时也减缓了药片对人体的副作用；航空领域在探索太空奥秘时，一个难题就是如何在太空当中保存食品，受到糖衣的启发，可食用太空食品包装膜也被开发出来。而生物膜、食用膜的概念在今天的材料科学领域也是不断得到发展，如一种生物液态膜喷涂到苹果、梨等水果表面后，就会形成一层透明的薄膜，可防止果品与外界交换氧气、水分和二氧化碳等物质，从而延缓了水果腐烂时间，起到保鲜作用。食用时，人们既可连食用膜一同吃下去，也可用水把它洗去。

类似的情况也发生在宝洁公司在工业革命时代的关于香皂产品的创新

当中，在1879年宝洁公司的象牙牌香皂诞生之前，市面上主要的产品是工业制肥皂，肥皂主要是利用钠、钾和油脂混合生成，其功能主要是去污。在当时，不论是哪个工厂生产出来的肥皂都是差不多的，肥皂使用的原材料是一样的，肥皂制取的工艺是类似的，肥皂产品的颜色、包装和功能都是差不多的。而宝洁公司的诺里斯则致力于对日化品的改进工作，通过对市面上存在的肥皂产品进行综合分析，在不断尝试和改进下，终于做出了宝洁日后销售了一百多年的象牙牌香皂。象牙牌香皂在传统肥皂产品的基础上做出了创新和改进，其改进之处在于引入了橄榄油作为原材料，从而降低了成本；象牙牌香皂颜色是白色的，不仅仅强化了去污的功能，更是在视觉上暗示产品清洁能力更强；当时所有的香皂由于提纯度和密度问题，在使用时都会沉入水中，但是纯度高达99.44%的象牙牌香皂是可以浮在水面上的。当所有的肥皂产品都在解决去污功能的时候，宝洁的象牙牌香皂通过这种“同中观异”的统摄思维方法，发掘产品背后更多的可能性，从而打造出如此经典的产品。不难发现，宝洁这家专注于日化产品的公司在日后的产品创新当中，不断地在大众消费品市场上寻找同类产品的独特之处，从而保证了宝洁产品在市场当中的领先地位。

人类的思维具有强大的惯性，人们对于习以为常的事情往往司空见惯、不假思索，人们往往看到了雷同的现象，却鲜有人去思考背后的本质是否一致，正是由于忽视了相似之中存在相异的习惯性思维，使得我们失去了许多创新的机会。

不论是德国生理学家西奥多·施旺对动物细胞中细胞核的发现，还是我国地质学家李四光根据大地构造理论颠覆“中国贫油论”，都体现了独特的同中观异的思维。中华人民共和国刚成立不久，有些外国记者持一种仇视态度，问道：“为什么你们中国人走的路叫马路？”言语中充满了讥讽之意。周恩来总理反应非常敏捷，立马把两个事物的相似性迅速联系在一起，说道："我们走的是马克思主义的道路，所以简称马路。"何其智慧！

万事万物都存在某种联系，同中观异的思维方式帮助我们透过现象把握事物的本质，探寻事物的真谛。

异中观同

异中观同是在各不相同的事物当中找到彼此的共同点，其前提也是聚集于某一特定的目标。

其实人类的思维在发生作用的时候，并不是毫无根据的，统摄思维起作用的背后是因为人们看到一件外部事物的时候，往往会在这些看似毫不相干的事物当中得到启发或者影响，从而产生新的联想，这种思维模式也是人类科学进步的基本方式，即类比性的思考。不论是同中观异还是异中观同，作为统摄思维方式的精髓，它们都是通过识别事物之间的异同，从而捕捉富有启发性的新思路，产生有用可行的创造性设想，并得出解决问题的方案。

古登堡设计活字印刷机的灵感来自于两种截然不同的事物。据说，古登堡研究了硬币打印机，也就是一种能够在金属硬币上压出痕迹的机器，在该机器的启发下，他想到为什么不能够用这个来印刷文字呢？但是硬币打印机明显太小，没办法来印刷书本。后来古登堡受到了葡萄压榨机的启示，这种压榨机通过两块上下相对的平板，把夹在其中的葡萄压出汁水。古登堡正是结合了这两种机器的长处，从求同的角度出发，经过反复实验，综合研发出了欧洲第一台活版印刷机。

另一个和印刷工人有关的故事同样也体现了这种“把表面上毫无关系的事物强行组合”的思维。众所周知，刀是人们生活当中必备的工具，但是刀具使用了一段时间之后难免会卷刃、变钝，那么如何才能让刀具不变钝呢？一位印刷工人带着这一疑问进行了思考，无意之中他看到别人用碎玻璃来刮地板上的油漆，首先那个人先敲碎玻璃，然后用碎片的棱角来刮油漆，玻璃碎片的棱角磨平之后，那个人把玻璃再敲碎，用新的切口来刮。看到这里，这位印刷工人眼前一亮，刀钝了之后为什么要再磨呢，把钝了的部分折断不就行了吗？于是在这个灵感的基础上，他发明了世界上第一把可折断的刀具，随后他进一步改进这种刀具，他在刀具上刻上印痕，一旦用旧了那么钝了的部分则会自动折断。沿用这一思路，可拆卸的钻头、电焊等工具也都应运而生。在现实生活当中，很多东西看起来是风马牛不相及，但是在某种条件下或者某种程度上又存在相似的特性，关键是如何具有一双发现这种相同特性的慧眼，这种慧眼并不是指人类的肉眼，而是思维之眼，能够围绕事物本身进行纵深思考、综合思考的智慧与方法。

同中观异的思维方法除了在科学创造当中具有相当广泛的应用，在现实生活当中也具有诸多妙处。曾经有一次美国访华团中的一位官员问周总理：“中国人很喜欢低着头走路，而我们美国人总是抬着头走路。”面对这种发难，周总理不慌不忙，面带微笑回应：“这并不奇怪，我们中国人喜欢走上坡路，而美国人喜欢走下坡路。”语言背后离不开思维的力量。思维赋予了语言无穷的魅力，语言在思维中充满了无穷的魔力！

一分为二与合二为一

道家学派创始人老子生动地诠释了事物对立统一、相生相随的特点。

对立统一规律是唯物主义辩证法概括客观世界的一个基本观点，而“一分为二”与“合二为一”则是对立统一的方法论表达。“一分为二”的“二”，并不是仅仅指两个方面或因素，更不仅仅指两个具有对立属性的方面或因素，这里的“二”是指“多”，指多个相互区别的方面、因素；“合二为一”的“一”，当然也不能简单地理解为一个东西，更不能简单地理解为不存在任何差别、绝对同一的一个东西。这里的“一”既指一个实在的结合体，也指一个共同的发展方向、变化趋势等。

“一分为二”就是要求分析事物时既要看到对立面，又要看到统一面。“一分为二”并不是指从两个对立或不同的角度去看待一件事，“二”只是一个抽象表达，体现的是事物内部结构中的对立统一方面，而这两个方面可以由无限多的具象的特点、元素来表现。在文学作品中，我们经常可以看到具有性格冲突性的人物，比如在《红楼梦》中作者刻意将一钗一黛安排在宝玉身边，打破了以往古典小说一才子配一佳人的传统模式。文中的众多女子也分成两类，一是以宝钗为代表的浓艳一类：宝钗艳中见淡雅，淡极始知花更艳；宝琴艳中见娇嫩，雪映梅花别样红；袭人艳中见柔和，婉转流莺桂下鸣。二是以黛玉为代表的清丽一派：黛玉丽而婉，清风扶竹影；晴雯丽而刚，霁月追彩云；芳官丽而媚，茉莉映丹霞。每一类人物都同中有异，既对立又统一。这种“一分为二”的人物塑造方法能加强戏剧的冲突性和艺术性，烘托跌宕起伏的艺术效果。我们还可以用一分为二的方法把握事物对立性，探析内在需求，进行逆向思维创新。有一次，美国艾士隆公司董事长布希耐在郊外散步时偶然看到几个小男孩在玩一种又丑又脏的昆虫，爱不释手。他顿时联想到：市面上销售的玩具一般都是造型优美、色彩鲜艳的，为什么不能生产一些丑陋的玩具给孩子们玩呢？于是，他马上研制了一套丑陋玩具，果然一炮打响，获得很大收益，还使得丑陋玩具在市场上掀起一股热潮。可见，丑陋玩具是迎合部分儿童心理需求的，有时候丑即是美。

“合二为一”指的是把握事物对立统一的特征，认清其本质，促使事物发展。“合二为一”不是简单地整合事物的对立统一面，而是深刻把握对立统一所体现的内在本质和发展趋势需求，利用“合二为一”的方法促使其更好地发展。

在关于社会主义经济建设的讨论中，是计划多一点，还是市场多一点，邓小平说，这不是社会主义与资本主义的本质区别。计划与市场都是手段，都是为了解放生产力，发展生产力，促进社会进步。能看到手段的多样性这是“一分为二”的思维方式，能把握发展的核心本质，利用多种手段发展经济这是“合二为一”思想的应用。在关于祖国统一问题上，“一国两制”的伟大构想和香港、澳门问题的成功经验，既承认一个国家两种制度，又实现两种制度一个国家的统一，顺应了国家统一、民族团圆的时代要求。这同样是“合二为一”思维的奇妙运用。在对外关系的处理上，既要看到各民族、各地区、各国家的经济利益、政治制度、文化意识形态的差异，又要看到和平与发展是当代世界格局的主旋律，是世界经济一体化、全球化的不可逆转大趋势。对外开放政策正是基于这种认识提出来的，在承认差异的前提下走向对话、协商、合作。如今，党中央提出的“创新发展、协调发展、绿色发展、开放发展、共享发展”理念，同样也是坚持问题导向，聚焦突出问题和明显短板，基于对立统一现状，把握发展方向，整合多维度需求提出的重要思想。

“一分为二”与“合二为一”思维的妙用体现在充分把握“同中观异”和“异中观同”后，能把握这些不同元素和相同元素的一致性发展规律，为全局而服务。

在“羊毛不出在羊身上”，盈利不来源于产品直接销售利润的互联网行业中，企业在进行产品和商业模式设计时，“一分为二”与“合二为一”这种思维方式的运用显得更为重要。以内容运营平台——魔力 TV 为例，平台的资源基础是集结了一批包括导演、制片人、剪辑、摄影、演员等新生代创作力量，打造了影视创作人社区，这使得魔力 TV 只需要在社区中发布一个作品征集令就能收到上百部合格原创作品，平台可在这些作品中挑选出优秀作品进行包装和发行。这也使得魔力 TV 挖掘和培养了一大批优秀的年轻创作人，形成了以制片人工作室为核心的项目开发团队，能有针对性地输出年轻人喜欢的短视频内容。但魔力 TV 清晰地认识到短视频平台持续发展的关键是持续的优质内容生产。那么在内容生产方面就不能拘泥于是自制团队还是非自制工作室，是通过低成本的社区原创大赛还是其他平台合作，面对极其激烈的市场环境，竞争的关键是生产优质内容，抓住用户的心！而对应不同来源的产品，商业模式也会衍生出不同的线，对于生产频率高、人数少、成本低的团队采取平台分成模式；对于流量大、受众群体集中精准的采取广告投放变现模式；对于主打手工作品的短视频采取电商变现模式；对于知识培训的短视频，采取知识付费模式。而魔力 TV 则将大部分资金投向中后端建设，做好平台品牌管理，帮助创作人建立内容品牌，运营内容模块。视频内容产自多资源多平台，平台商业模式多种多样这是“一分为二”，主抓优质内容持续生产、平台品牌管理这是“合二为一”。

当代世界是一个多样化、复杂化的世界，人类的活动范围大大地扩展，社会的联系越来越广泛，科学发展的广度和深度超过了历史上的任何一个时代，思维方法的选择与应用显得尤为重要。“一分为二”与“合二为一”的思维帮助我们全面看待事物，把握本质特点，对接发展需要，精准施策！

“一分为二”与“合二为一”，何时分，如何分？ 何时合，如何合？统全局，谋发展，统摄之！

统摄思维的典范：三个世界的划分

思维的运用之妙，往往存乎一心。 统摄思维的运用，就是在很多看似不相干的东西或者现象面前，经过思维的“打磨”，可以透过表象看本质，从而产生令人惊叹的效果。

著名的“一战的猫”的故事就是典型。 在第一次世界大战德法战地上，德军福克基尔参谋在望远镜里发现了一只猫，这只猫连续几天都出现在同一个地方。 参谋人员通过仔细观察，发现这只猫护理得当，不是一般的野猫，是一只专人饲养的猫，而当时部队能够携带宠物的只能是部队指挥官，出现在这个阵地上的猫表明对面阵地有敌方的指挥部。 于是德国炮兵对这里进行轰击，消灭了法国的一个指挥部。

无独有偶，解放战争期间，刘邓大军挺进大别山，由于当地属于国统区，敌我形式非常复杂，刘邓所指挥的一野指挥部也是在不断变动中。某一次刚刚选择在某村驻扎下来，刘伯承遇到老乡路过，随口聊天问了下老乡的情况，老乡无意中表明自己是隔壁村庄的，村子里面也有“红军”队伍驻扎。 刘伯承在与老乡的聊天中得知这支驻扎的部队把村子里的李子树砍了，听此消息他瞬间反应过来，带着指挥部赶紧准备转移，原因何在？ 刘伯承深知我军部队是不可能砍老百姓的树，那么驻扎在隔壁村子的只能是国民党部队，敌人渗透如此之深，说明已经形成了包围圈。 得益于刘伯承的警惕，使得总指挥部能够及时在敌人合围之前跳出包围圈，避免内战形势进一步恶化。

毛泽东作为马克思主义哲学的集大成者，深刻地认识到历史发展当中存在的矛盾论和运动论哲学，其一矛盾是普遍存在的，其二矛盾始终存在一个运动的过程中。针对这种哲学分析，毛泽东提出了具体问题具体分析以及抓主要矛盾的方法，这都是对马克思主义哲学的具体演绎。从思维的角度来看，分析矛盾的普遍性和矛盾的特殊性，实则就是一种求同与求异的统摄思维，毛泽东同志的“一般号召和具体指导”相结合的“领导方法”则是其具体运用，其中最具代表性和典范性的则是毛泽东提出来的“三个世界的理论”。

中华人民共和国成立以后，又经历了抗美援朝、中苏关系破裂等国际性事件，中华人民共和国由于成立之初积贫积弱，正所谓“弱国无邦交”，我国在国际上的外交局面一直难以打开。当时美苏争霸，形成了复杂的国际形势，各个国家之间的外交关系在此之前主要呈现出典型的中间地带模式，即全球两级主要是以美苏两个超级大国为主，而中间地带的国家被迫在两股力量之间进行选择，选择不同的社会形态和国际阵营。中国正是在美苏争霸的格局下艰难地展开外交工作，这种外交工作所围绕的始终是两个超级大国以及他们所代表的阵营之间的利益，而非我们国家自己的利益，因而在中苏关系恶化之后，中国外交格局一直难以打开，这也加剧了国内形势的恶化。

在20世纪50年代和60年代外交工作的基础上，毛泽东在70年代提出了三个世界战略理论，并逐步发展和完善，其核心思想就是把复杂的国际形势和国际关系变成熟悉的事物，在复杂当中统摄为异和同，具有相同的背景以及情况的国家我们要统一战线，而对于发展阶段以及国情和我们不一样的国家，则寻找彼此之间的联系点，在矛盾当中寻求到统一点。

“三个世界理论”当中蕴含的战略思维，实则在抗战统一战线期间，就已经闪烁着智慧的光芒。中国共产党关于抗日民族统一战线的策略总方针是发展进步势力，争取中间势力，孤立顽固势力，无疑和“三个世界理论”具有高度的相似性，按照毛泽东的说法：“我看美国、苏联是第一世界……美国、苏联原子弹多，也比较富。第二世界，欧洲、日本、澳大利亚、加拿大，原子弹没有那么多，也没有那么富，但是比第三世界要富。咱们是第三世界，第三世界人口很多。亚洲除了日本，都是第三世界。整个非洲都是第三世界，拉丁美洲也是第三世界……中国属于第三世界。因为政治、经济，各方面，中国不能跟富国、大国比，只能跟一些比较穷的国家在一起。”①

毛泽东不论是在抗日民族统一战线方针上，还是“三个世界理论”的外交战略上，都充分体现了极具智慧与艺术的统摄性思维。首先，擅于在繁芜的表象当中寻找到事物的次序和内部的联系，从而异中观同、同中观异，求同存异，实现在对立中统一，在矛盾当中发展。其次，统摄思维需要有强大的思维概括力和统摄力，充分认识到世界是联系的，而矛盾又是无处不在的，我们要做的就是巧妙地利用矛盾，看到矛盾背后存在的联系，从而实现事物的发展和进步。“三个世界理论”的提出对于世界新格局的形成，以及中国以后的改革开放局面的打开，具有重要的意义，堪称中国外交史上的一个重要里程碑。

毛泽东“三个世界理论”的提出就是统摄思维运用的典范，既有异中观同，也有同中观异，异中求同，求同存异，彰显了思维的智慧与光芒！

梁启超学识渊博，著作宏富，是我国近代成就卓著的史家，同时作为

---

① 中共中央文献研究室：《毛泽东年谱（1949—1967）》，中央文献出版社 2013 年版，第 520-524 页。

“新史学”的创始人，他极力倡导史学比较方法的创新，他提出：“天下古今，从无同铸一型的史迹，读史者于同中观异，异中观同，则往往得新理解蔫。”①梁启超大力倡导比较研究，他一方面评价了传统史家对比较方法的恰当运用和成功之处，提出了“比较研究”的概念；另一方面，他还追溯了比较方法的起源，对比较方法的内涵和功用在理论上进行了阐释，堪称“开比较史学的先河”。梁启超的核心观念就在于，在历史的长河当中，很多事件表面上看似相同，实则在不同的历史条件下其本质并不相同，因而要学会使用比较的方式，同中观异，异中观同，这样往往会收获新的理解。

统摄思维是系统论思想在创新思维中的运用，这种思维方法所彰显出的智慧以及在实践中的创新价值如同皇冠上的一颗宝珠，永远光彩耀人！

“一柱擎天，俯视万有。”统摄思维之于创新的意义与智慧尽在其中！

① 张品兴：《梁启超全集》（第七册），北京出版社1989年版，第4144页。

第五章　发散思维与创新

发散思维：围绕核心，关联发散

金字塔原则：结构化思考

由“笑着包容一切”而发想

曲别针与信息交合法

大数据与发散思维

发散思维：围绕核心，关联发散

爱因斯坦曾说：“想象力比知识更重要，因为知识是有限的，而想象力概括着世界的一切，推动着进步，并且是知识进化的源泉。”这其中道出了想象力之于创新的重要性。“创造性思维需要有丰富的想象”（黑格尔语），而想象力与发散思维的运用有着密切的关系。

北宋画家郭熙在他的山水画论著《林泉高致》中提出了著名的“三远法理论”：“山有三远：自山下而仰山巅，谓之高远；自山前而窥山后，谓之深远；自近山而望远山，谓之平远。”这就是运用发散思维而提出的山水画理论，视角新颖，独树一帜。

发散思维，从一点出发，多维发散，收放自如。

发散思维：围绕核心，关联发散

我们以前经常说的一句话是“哪里跌倒，就在哪里爬起来”。当我们看到下面这句话的时候，整个思维似乎被打开了许多：“有智慧的人，无论在哪里跌倒，都会拣点有价值的东西，再爬起来继续前行。”其中“拣点有价值的东西”有着更为深刻的内涵：正是有价值的东西才会让我们不断地成长，避免更多的“跌倒”，在意蕴上递进了一层。这是发散思维给我们带来的新启迪。

发散思维的概念，是美国心理学家吉尔福特在 1950 年以《创造力》为题的演讲中最先提出的，包括他在内的很多心理学家认为，思维发散是创意思维的主要特点，是测定创造力的主要标志之一。吉尔福特指出："凡是有发散性加工或转化的地方，都表明发生了创造性思维。"

发散思维又称辐射思维、放射思维、扩散思维或求异思维，是指遇到问题时，能从多角度、多侧面、多层次、多结构去思考，去寻找答案，既不受现有知识的限制，也不受传统方法的束缚，其思维路线是开放性、扩散性的。它解决问题的方法不是单一的，而是在多种方案、多种途径中去探索、选择。如 19 世纪加州发现黄金，淘金者蜂拥而至，但这些人没有发财，而卖牛仔裤的李·维斯和卖水的亚默尔却发了大财。澳大利亚短跑运动员舍里尔发现袋鼠的起跳是先蹲伏，然后一跃而起，由此联想到起跑，蹲式起跑就是这样被发明的，并成为现在运动比赛中人们普遍采用的起跑方式。

我们从小所接受的教育就是每一道题都对应着一个正确答案，培养我们的逻辑思维进行一步步推导，得到所谓的"标准"答案。这样固然会迅速提高思维的有序性，但很容易造成思维的局限，即只满足于一个答案，失去了寻找更多答案的可能。

发散思维通常会有一个核心点，脱离了这个核心点的发散就成了随意发散，所以说发散思维成功的关键在于关联性发散，围绕一个核心点，使思维尽可能向四面八方无限延展，不拘泥于原有的思维格局，摆脱惯性思维的束缚，从而产生新的构思、新的思路、新的点子、新的发现、新的创造(如图 5.1 所示)。①

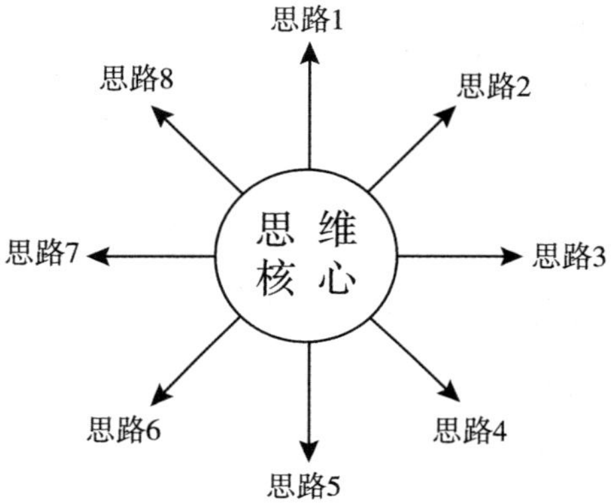

图 5.1　发散思维过程示意图

许多发明创造者都是借助于发散思维获得成功的。具有发散思维的人，往往会通过联想与想象，将思路扩展开来，不仅仅局限于事物本身，也就常常能够发现别人发现不了的事物与规律。

发散思维是对已知信息进行分析、综合并科学加工后再进行思维拓展，可以沿不同的方向去探求多种答案，不墨守成规，不拘泥于传统，使人思路活跃，思维敏捷，能提出大量可供选择的方案、办法或建议。发散思维的运用，“就是从思维基点出发，使思维全方位地发射出去，设计出尽可能多的方案，把获得的信息，经过验证和逻辑推理，最后得出符合科学的结论”。②

发散思维具有灵活性、流畅性、独创性的特点。

---

① 参见刘道玉：《创造思维方法训练》，武汉大学出版社 2009 年版，第 44 页。

② 刘道玉：《创造思维方法训练》，武汉大学出版社 2009 年版，第 43 页。

灵活性是发散思维的基础，即围绕核心点进行多角度、多方面的发散，具有多方指向、触类旁通、随机应变的特点，不受固有思维定势的约束，表现出多样性和多面性。灵活性反映了思维的变通和跨越，在思维发散的过程中不拘泥于一条路径，在一条路径走不通时迅速转换其他路径。

流畅性是发散思维的表现，想法自由发挥，思维敏捷迅速，能够在短时间内产生多种解决问题的方法。流畅性反映了思维的速度和数量，在短时间内产生尽可能多的想法。

独创性是发散思维所产生的结果，是指产生与众不同创造性思想的能力，在多角度多方面进行思维发散后往往能产生不同寻常的新观点、新思路。独特性反映了创新的本质，是发散思维追求的目标。

金字塔原则：结构化思考

发散思维是围绕核心而发散，这与金字塔原则有着异曲同工之妙。

金字塔原则是指任何事情都可以归纳出一个中心论点，而此中心论点可由3~7个论据支持，这些一级论据本身也可以是个论点，被二级的3~7个论据支持，如此延伸，状如金字塔(如图5.2所示)。①

金字塔原则主要包括两种方法，分别是自上而下法和自下而上法。自上而下法就是从金字塔顶端开始，先把中心论点抛出来，再用二级论据支持中心论点，二级论据本身也可以作为论点，被三级论据所支持，逐步向下层展开。当自己心中对问题已有思路，就差清晰地表达出来时，适

① ［美］芭芭拉·明托：《金字塔原理》，汪洱、高愉译，南海出版公司2010年版，第20页。

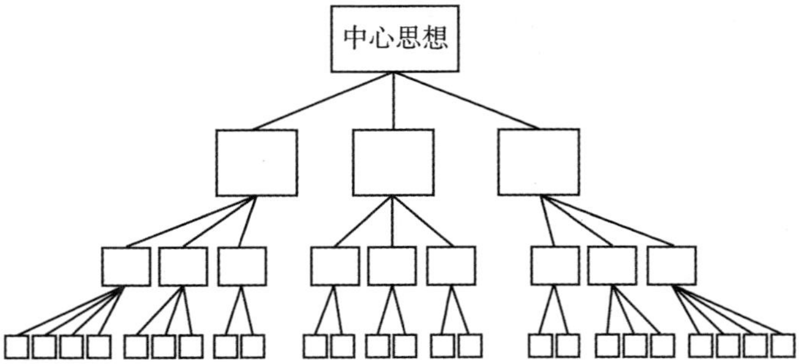

图 5.2　金字塔原则结构示意图

合用自上而下法。比如，写年终总结时，基本知道自己要写的主题是什么，对平时的成绩、遇到的问题、下一年的规划等也有个大概构思，此时，就可以采用自上而下法构建金字塔结构，条理清晰地表明自己的想法。自下而上法则适用于思绪比较混乱、中心论点不是非常明确，又有很多零散想法的情况，这时候就应先列出想要表达的思想，找到每个要点间的逻辑关系，将零散的信息进行分类，然后再层层提炼，完善整个思考过程，提炼出中心思想。

金字塔原则是典型结构化思考的工具，运用该原则能够帮助你更好地掌握结构化思考方式，将其转化为解决问题的利器。

《金字塔原理》一书中有这样一个例子，假设你决定离开温暖舒适的家，出去买一份报纸。

“我想去买份报纸，你有什么要我带的东西吗？”你问妻子。

妻子在你走向衣架拿外套时说：“太好了，看到电视上那么多葡萄的广告，我现在特想吃葡萄，也许你可以再买袋牛奶。”

你从衣架上拿下外套，妻子则走进了厨房。

“我看看咱们家的土豆够不够。对了，我想起来了，咱们已经没有鸡蛋了。我看看，对，是该买一些土豆了。”

你穿上外套向门口走去。

“再买些胡萝卜，也可以买些橘子。”

你打开房门。

“还有咸鸭蛋。”

你开始按电梯。

“苹果。”

你走进电梯。

“再买点儿酸奶。”

“还有吗？”

“没有了，就这些了。”

如果不重新读一遍上面的文字，现在你还能记住妻子让你买的9样东西吗？

通常一个人一次能够记忆不超过7个思想、概念或项目。美国认知心理学家乔治·A·米勒在他的论文《神奇的数字7±2：我们信息加工能力的局限》中提出了“奇妙的数字：7±2”的概念，他认为大脑的短期记忆无法一次容纳7个以上的记忆项目。有的人可能一次能记住9个项目，而有的人则只能记住5个。大脑比较容易记住的是3个项目，当然最容易记住的是1个项目。

葡萄、牛奶、鸡蛋、土豆、胡萝卜、橘子、咸鸭蛋、苹果、酸奶。如何牢牢记住妻子要你买的9样东西呢？这时候就需要运用结构化思考了（如图5.3所示）。①

---

① ［美］芭芭拉·明托：《金字塔原理》，汪洱、高愉译，南海出版公司2010年版，第16页。

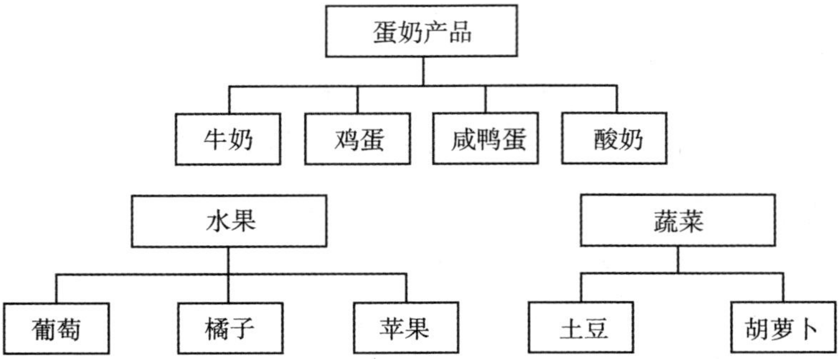

图 5.3 各项间逻辑关系的金字塔结构示意图

将 9 样东西按照不同类别分成蛋奶产品、水果、蔬菜三类，这样做以后，你无须再记忆 9 个概念中的每一个概念，而仅需要记忆 9 个概念分别所属的 3 个组。这种分类的记忆方法是不是更清晰、更容易记忆一些呢?

结构化思考帮助我们在信息获取方面思维更清晰、更有条理，让我们思考问题有章可循。比如我们阅读一本书，一定是先看看目录，对这本书的整体架构有一个大概的了解后再阅读内容。写文章也是，想写什么，一定要先列一个总体的框架，然后再动笔写具体内容，一上来就急着开始写，往往写不出来好的内容。为什么我们在图书馆成千上万本书里找书比在宿舍几十本书里找书还方便，因为通常在宿舍里会把所有书都堆在一起，英语、数学、物理、化学等，总是要翻一会儿才能找到想要的那本书；而图书馆的书通常是按照不同类别来摆放的，同一个学科的书一定是在一起的，并且每本书都有唯一的编号，所以寻找起来十分容易。

著名心理学家布鲁纳指出："掌握事物的结构，就是以允许许多别的东西与它有意义地联系起来的方式去理解它，简单地说，学习结构就是学习事物是怎样相互关联的。”结构化思考就是以事物的结构为思维对象，以对事物结构的积极建构为思维过程，力求得出事物客观规律的一种思维方法。结构化思考的本质是框架，它将搜集到的信息、数据、知识等素材按一定的逻辑进行归总，继而让繁杂的问题简单化，最终结果是透过现象看本质。

结构化思考就是需要在发散思维之前构建一个框架，然后再根据框架进行有序的发散。把思考问题的过程比作造房子，首先得把整体的框架搭建好，然后再对内部进行填充，从而使思维的发散更加清晰、有序。

由“笑着包容一切”而发想

如果请大家对“笑容”这个词运用发散思维来解读，相信人们会有“百花齐放”的“答案”。

请诸位欣赏如下的解读：

“笑容,就是笑着包容一切。”

当理解一个人的难处时,你就懂得了什么是换位思考;当饶恕一个人的过错时,你就懂得了什么是情意的美好;当你对流言蜚语一笑而过时,就懂得了什么是博大的胸襟。包容不是懦弱,而是宽宏大量的性格;包容不是退缩,而是为人谦让的品德。找别人的错,很容易;容别人的过,不容易！包容,是为人处世中最大的智慧。

笑容,相比于第一个字“笑”,其重心在于后面的“容”字。这个“容”是包容,无论是面对他人的不善之举,还是对人生的种种无奈,笑着去包容是一种从容,也是一种优雅。

这是我迄今为止所能看到的对“笑容”最有意蕴、最有内涵、最有文化意境的解读。

有人曾经做过这样一个实验，用粉笔在黑板上画了一个圆圈，让各阶段学生回答黑板上的圆圈是什么，答案分别是这样的：

大学生：太简单，不屑回答。

高中生：是零。

初中生：是英语字母“o”。

小学生的回答最有趣：“是太阳！”“是月亮！”“是铁环！”“是皮球！”“是乒乓球！”“是足球！”“是烧饼！”“是汤圆！”“是唱歌时的嘴巴！”“是老师发脾气时的眼睛！”……

实验的结果让人出乎意料，年龄越大、受教育程度越高，所给出的答案越一致且单调，而受教育程度最低、年龄最小的小学生反而给出了很多非常有想象力、有创造力的答案。

法国著名生物学家贝尔纳说：“妨碍人们创造的最大障碍，并不是未知的东西，而是已知的东西。”小时候知识的获取量有限，对什么事情都充满好奇，容易产生相关的联想。对知识掌握得越多，经验也越丰富，这时候就更需要运用发散思维，突破固有思维的束缚，从而激发更有创造力的思维。

美国朗讯公司的贝尔实验室，是一个令人肃然起敬的名字。那里培养了11位诺贝尔奖获得者，产生了改变世界的十大发明。很多理工科毕业生把进入贝尔实验室工作看做是一种无上的光荣。在贝尔实验室创办人亚历山大·格拉汉姆·贝尔塑像下镌刻着下面一段话：

“有时需要离开常走的大道，潜入森林，你就肯定会发现前所未有的东西。”

人们通常对同一事物会有不同的看法，近年来，城市街道上徘徊着许多小摊贩，有的人指责他们干扰城市的正常生活秩序，阻碍了城市发展；有的人理解他们生活悲苦，为生活而无奈奔波于夜晚的灯火阑珊中；还有人斥责他们占用了城市的公共资源，破坏了城市的形象；也同样有人同情他们悲惨的遭遇，为了生计而忍受他人的辱骂和责怪。每个人都认为自己的观点是对的，所谓一千个读者有一千个哈姆雷特，说的就是每个人看待事物的角度和出发点是不同的，对事物的态度也就千差万别。只从一个角度、一个层面来看待一件事情难免会造成对事物的片面认识，而发散思维要求我们从不同角度看待事物，这样就可以更全面地了解它、看待它。

一片叶子，在画家看来是一幅美丽的画；在音乐家看来是清新的音符；在植物学家、生物学家看来是细胞，是植物机理，是生态，是新物种；在经济学家看来也许是一种具有极大经济价值的新品种；在幻想家看来也许里面有一个新的世界。从一个角度看待事物，只会变得单调无味，而从多个角度看待事物，就会变得多姿多彩。真所谓“横看成岭侧成峰，远近高低各不同”。

通过发散思维，将看似不相关的事物进行连接，合二为一，甚至是合多为一，就实现了创造性的效果。在日本大阪的南部，有一处著名的温泉，温泉周围是景色秀丽的青山翠谷，来这里观光旅游的客人，总要泡一泡温泉浴，坐缆车望一望峰峦美景。但是由于时间关系，很多人往往只能选择其中一项，要么泡温泉，要么坐缆车，然后怀着遗憾的心情离开了。面对这个问题，该景区的负责人推出了一项创意服务——“空中浴池”。即将10个温泉澡池装在缆车上，让它们在崇山峻岭中来回滑行。

每个澡池可容纳两人，客人既能怡然自乐地泡温泉，又能把充满诗情画意的景色尽收眼底，给人以飘飘欲仙的感觉。由此，“空中浴池”引起了游客极大的兴趣，每天有1000多人光顾，而在周末和节假日，经常人满为患。

生活中很多事物都有其相关性，即使是并不相关的两件事，也很可能会有某些共通的东西。在思考问题时，我们可以有意识地进行思维发散，将在其他事物中所观察到的事物与正在思考的问题相关联，往往容易产生耳目一新的想法。

你能想到猪肉加工与汽车制造有什么相关的地方吗？亨利·福特在创办福特汽车时，一直在思考如何大量生产，降低单位生产成本，以提高福特汽车在市场中的竞争力。一天晚上，亨利·福特给孩子讲完“三个小猪”的故事后，突然想去猪肉加工厂看看，或许会有一些新发现。他参观了几家猪肉加工厂后，发现里面的作业采用天花板滑车运送肉品的分工方式，每个工人都有固定的工作，自己的部分做完后，将肉品推到下一个关卡继续处理，这样肉品加工生产效率非常高。亨利·福特立刻想到，肉品的作业方式也可以运用在汽车制造上。之后他和研发小组设计出一套作业流程，采用输送带的方式运送汽车零件，每个作业员只要负责装配其中的某一部分，不用像过去那样负责每部车的全部流程。这种分工作业的方法使福特汽车大大降低了单位生产成本，提高了生产效率，随后很多车厂也纷纷效仿这种作业方式。

他山之石，可以攻玉。猪肉和汽车两种看似无关的事物，亨利·福特却从猪肉的加工生产方式中获得了灵感，并运用在自己的汽车制造中，从而获得了成功。通过发散思维，异中求同，从看似不相关的事物上找到共性，激发灵感，从而实现创新创造。

发散思维最典型的特点就是以一点为中心，以辐射状向外扩散。在生产、生活中，如果我们可以将这一特点牢牢把握，便能促成很多创造性成果。最早的手机只能打电话，然后可以发短信，有了计算器、指南针、手电筒、日历、闹钟，再后来可以在手机上玩游戏、拍照、听歌、看视频、购物……今天，我们生活中的衣食住行游购娱都离不开手机，从一点向外发散，可以说手机的功能扩展就是发散思维最典型的应用。

思维发散的过程，同时也是创新发散的过程，发散思维总能为我们提供意想不到的点子、创造性的想法，从而为工作和生活带来更大的便利和收益。

曲别针与信息交合法

曲别针是再常见不过的生活用品，你能想到一支曲别针有多少种用途？下面这个关于曲别针的故事告诉你的不只是曲别针的用途，更是一种思维方法。

村上幸雄先生在一次创造力的研讨会上，提出了这样一个问题：曲别针有多少种用途。可能很多人会就自己的经验给出一些答案，例如，别纸、固定纸张、扎破气球、挂照片。如果给你一个方向，还能改变它的造型，可能答案会多一些，比如，做成字母、弯曲成数字、用来计数、串成置物架等。给你一个方向，你能有很多新鲜的想法，这就是平常我们所说的延续性创新。当时会上村上给出了300种答案，“思维魔王”许国泰先生在递给村上幸雄的纸条中写道：对于曲别针的用途，我能说出3000种，甚至3万种！

在许国泰先生的讲解中，他利用了信息标与信息反应场的方式，将曲别针的信息分解成重量、体积、长度、质地、弹性、色彩等10多个要素，把这些要素用根标线连接起来，形成一根信息标。然后再把与曲别针有关的人类实践活动要素进行分析，连成信息标，最后形成信息反应场。于是，各种答案就此诞生。例如，外形上将曲别针做成数字和符号，可以用来算数，可以代表字母交流；利用它的金属特性可以将其串起导电，还能与硫酸反应生成氢气，能做指南针，与其他金属生成各类化合物……

看似再普通不过的小小的曲别针，日本的村上先生能说出300种用途，而被称为“思维魔王”的许国泰先生能说出3000乃至3万种用途。差别如此之大，其中的原因就在于与会的其他代表仅仅是简单的发散和联想，还不能被称为发散思维；而村上先生则是上升了一个层次，运用了发散思维，以曲别针为核心无限向外蔓延、拓展；许国泰先生则是更高了一个层次，他采用的是发散思维工具——信息交合法，首先根据所要达到的目标列举出各要素，再将各要素进行组合、联想与发散，从而得到更多的关于曲别针的用途。

信息交合法是一种在信息交合中产生创新的思维方法，是一种立体的、动态的、多维的创造性系统构思方法，由于该方法神奇而实用，常常能产生耳目一新的构想，所以又俗称“魔球理论”。它是以预先设定的某一事物为中心，将事物的属性信息分解成若干要素，将各要素放在一个由多维信息坐标组成的全方位信息反应场中，通过各要素信息之间的广泛组合来产生各种发明创造的奇特构想。

信息交合法是发散思维的有效工具，这种方法使发散思维更有章可循，更具体，更全面。这种方法就是将事物的属性拆分后再重新组合，构成大量新的信息，再根据自身需要从这些新组成的信息中筛选出适合的方案。其应用范围非常广泛，为人们创新创造提供了更加系统性的操作方法，有助于人们在创新创造中产生新构思、新灵感。

具体操作步骤(以桌子产品创新为例)：①

（1）确定研究中心：就是明确研究的目标。该研究目标就是对桌子产品进行创新创造。

（2）属性拆分：将所研究的事物根据不同属性进行拆分，一个属性就是一个坐标轴。以桌子为例，可将属性分解为颜色、形状、材料、桌腿数量、桌腿形状、使用环境、文化、使用人群等。

（3）罗列各属性信息点：将分解后的属性信息进行罗列。

①颜色：赤、橙、黄、绿、青、蓝、紫。

②桌面形状：方形、圆形、三角形、六边形、矩形、五边形。

③材料：不锈钢、红木、塑料、聚酯纤维、三合板、玻璃、大理石。

④桌腿数量：一条、两条、三条、四条。

⑤桌腿形状：大象、狗、马、松树、弹簧。

⑥使用环境：办公室、教室、工厂、车间、收费站、医院、宿舍、主席台、礼堂、酒店、幼儿园、市场。

⑦文化：唐朝、汉朝、明朝、宋朝、民国、西域、佛家、儒家、道家、足球、篮球、乒乓球、明星。

⑧使用人群：学生、教师、士兵、军官、儿童、大学生、公务员、卖鱼的、卖菜的。

（4）信息交合：在标轴所处的信息反应场内，将各属性中的信息点进行相交，任意组合，从而得出大量新构思、新方案。例如，颜色信息与

---

① 参见李昌旺：《创新让你与众不同》，山东人民出版社2010年版，第77-81页。

桌面形状信息相组合、桌面形状信息与材料信息相组合、桌腿数量信息与桌腿形状信息相组合等。也可以多个属性间进行组合，如将颜色信息、桌面形状信息、材料信息、桌腿数量信息相组合。任何属性信息之间相组合都可以产生大量的方案。

（5）方案筛选：通过信息交合后得到大量方案，根据研究目标对这些方案进行筛选与甄别，从中选取优秀的方案实施。

大数据与发散思维

大数据是近几年一直被大家津津乐道的“热门词汇”。

大数据与发散思维在某种程度上有着一定的相似性。IBM 公司提出了大数据的“5V”特点，即 Volume（大量）、Velocity（高速）、Variety（多样）、Veracity（真实）、Value（价值）。其中大数据最重要的在于其价值。由于海量的数据存在，并不是所有数据都具有较大的价值，大数据的价值密度相对较低，必定有很大一部分数据为无用数据。发散思维是追求从多角度、多方面对事物进行发想，从而得到尽可能多样化的结果。发散思维同样因为思维不受局限，产生大量的想法，但真正有价值、可利用的想法是有限的。看起来这可能是大数据或发散思维的缺陷，但别忘了，正是由于其基数大，所以所得到的价值要比小数据或是常规思维大得多；大数据所得到的数据内容与真实世界中的活动是息息相关的，研究大数据就是从庞大的网络数据中提取出能够解释和预测现实世界的过程。同样，发散思维也是解决现实生活中某些具体的问题，而不是凭空产生的。

在大数据时代，我们可以得到比以往多很多的数据，甚至是某个领域的所有数据。以往，我们一直追求用最少的数据得到最多的信息，这就要求我们在抽样方法上做得更好，最好的方法就是采用随机抽样。但随机抽样有其自身的局限性，首先，在抽样的过程中要力争做到绝对随机性，这一点是非常难做到的，在具体的实施过程中会遇到各种各样的阻碍，不仅如此，想要做到抽样的绝对随机性必定会花费大量的人力、物力、财力；其次，随机抽样不适合考察子类别情况，因为本身随机抽样的代价是巨大的，其所收集的样本数量是一定的、有限的，可以说是很少的，再涉及子类别的数据，如将性别、年龄、地域等样本进行细分，样本数量会少之又少，难以具有代表性；再有，随机抽样的方法缺乏延展性，研究者只能从数据中得到事先设计好的问题的结果，难以回答事先未考虑的问题，这一点在大数据时代是完全可以做到的。我们知道，再完美的抽样方法、再完美的样本，都有其误差的存在。之所以采用随机抽样的方法进行调查研究，是因为我们无法得到所有数据，只能退而求其次选择利用样本代表整体的方法。而当我们能够获得海量数据，甚至是全体数据的时候，就能够对未来做出准确的预测和判断。

大数据追求的不是每个数据的精确性、准确性，它追求的是数据的大和多，其首要任务是收集尽可能多的数据。为了收集大量的数据，就要允许个别数据的错误，况且，大量的数据可以抵消个别错误数据造成的影响，还能提供更多价值。在小数据时代，对算法的要求极高，一定要精确到极致，而在大数据时代，只需要简单的算法就可以得到想要的结果。

美国和苏联在设计飞机、航天器和其他武器上的理念和方法就不同。苏联拥有大量数学功底非常深厚的设计人员，但是缺乏高性能的计算机和大量的数据，因此其科学家喜欢更加准确且复杂的数学模型；而美国的设计人员的数学功底平平，但是美国的计算机拥有强大的计算能力和更多的数据，因此其科学家喜欢用很多简单的模型来替代一个复杂的模型。这两个国家做出的东西可谓各有千秋，但从结果来看，似乎美国的更胜一筹。

大数据时代常常用概率说话，而不是直接给出确凿无疑的答案，这一点我们从阿尔法围棋(AlphaGo)的运行原理中便可理解。

阿尔法围棋是第一个战胜围棋世界冠军的人工智能程序。2016年3月，阿尔法围棋与围棋世界冠军、职业九段棋手李世石进行围棋人机大战，以4比1的总比分获胜；2016年年末至2017年年初，该程序在中国棋类网站上以“大师”(Master)为注册账号与中日韩数十位围棋高手进行快棋对决，连续60局无一败绩；2017年5月，在中国乌镇围棋峰会上，它与排名世界第一的世界围棋冠军柯洁对战，以3比0的总比分获胜。围棋界公认阿尔法围棋的棋力已经超过人类职业围棋顶尖水平。阿尔法围棋的主要工作原理是“深度学习”，其有两个“大脑”，第一个大脑是落子选择器(Move Picker)，它负责预测下一步棋获胜的最佳概率，每一步棋都下在最高概率的位置；第二个大脑为棋局评估器(Position Evaluator)，它负责预测整个棋盘双方获胜的概率，通过整体局面判断来辅助第一个大脑，即落子选择器。两个大脑同时运行，使其每一步棋都下在获胜概率最大的位置，从而帮助阿尔法围棋打败了人类围棋世界冠军。

在维克托·迈尔-舍恩伯格的《大数据时代》里谈到一个观点：“知道‘是什么’就够了，没必要知道‘为什么’。在大数据时代，我们不必非得知道现象背后的原因，而是要让数据自己‘发声’。”通过数据间的相关性，不仅可以获得想要的信息，而且可能得到意想不到的效果。我们可以比以前更容易、更快捷、更清楚地分析事物，从而帮助我们捕捉现在和预测未来。

沃尔玛是世界上最大的零售商，在网络带来巨大数据之前，沃尔玛在美国企业中拥有的数据资源应该是最多的。从20世纪90年代开始，沃尔玛开始记录零售链上每一个产品的数据，到2004年，沃尔玛已经拥有了一个庞大的数据库，这个数据库记录的不仅包括每一个顾客的购物清单以及消费额，还包括购物篮中的物品、具体购买时间，甚至购买当日的天气等数据。沃尔玛公司从这些数据中发现，每当季节性飓风来临之前，不仅手电筒销售量增加了，而且POP-Tarts蛋挞(美式含糖早餐零食)的销量也增加了。因此，当季节性风暴来临时，沃尔玛会把库存的蛋挞放在靠近飓风用品的位置，以方便行色匆匆的顾客购买，从而增加销量。

过去我们总是会先根据经验提出假设，然后再收集数据来验证假设的正确性。依靠这种方式，我们往往能推测出常规的某些事物间的相关关系，像蛋挞和手电筒之间的相关性是我们难以想象的。而在数据量足够大时，数据自己就可以“发声”，带来很多让我们意想不到的相关关系。

当我们在网上购物时，网站经常会根据我们以往购买和浏览的记录向我们推荐其他的商品，这种根据以往的购物习惯和喜好向用户推荐的方式来源于亚马逊的创举。起初，亚马逊的内容推荐都是由人工完成的，亚马逊聘请了一个由20多名书评家和编辑组成的团队，他们写书评、向顾客推荐新书，挑选非常有特色的新书标题放在亚马逊的网页上。这对亚马逊书籍的销量大有帮助，《华尔街日报》曾热情地称他们是全美最有影响力的书评家。

随着亚马逊的书越来越多，这样的人工操作自然越来越显得乏力低效。不久，贝索斯决定尝试更有创造性的做法，根据用户的浏览和购买记录来为其推荐商品，也就是我们现在熟悉的个性化推荐。

最初，亚马逊的推荐系统是将不同用户进行比较，希望找到用户之间的关联，但面对庞大的数据，这种推荐系统算法繁琐，结果也差强人意，往往只能为用户提供与自己以前购买物品有微小差异的产品。

亚马逊当时的技术人员格雷格·林登(Greg Linden)思考之后，想出了一个解决方法：其实没有必要将不同的用户进行比较，只需要找到产品之间的关联就可以了。这样的推荐方式可以提前分析产品之间的关系，所以推荐速度非常快，适用于不同产品，甚至可以跨界推荐商品。

后来，林登做了一个关于评论家所创造的销售业绩和计算机生成内容所产生的销售业绩的对比测试，结果他发现两者之间的业绩相差甚远，通过数据推荐产品所增加的销售远远超过书评家的贡献。林登说："计算机可能不知道为什么喜欢海明威作品的客户会购买菲茨杰拉德的书，但是这似乎并不重要，重要的是销量。"最后，编辑们看到了销售额分析，亚马逊也不得不放弃每次的在线评论，最终书评组被解散了。

这是一场人与数据之间的博弈，在这场博弈中数据获得了完胜，数据总是知道某个人需要的是什么，就像林登所说："亚马逊应该只推荐你一本书，而这本书就是你将要买的下一本书。"数据虽然不能告诉我们为什么，但知道是什么就足以完成销售了。这就是大数据的力量，它对我们的了解可能比我们自己都深，因为数据是理性的，数据不会说谎。

有一点我们需要清醒地认识到，数据只能证明相关，不能证明因果。而发散思维恰恰就是一种关联发散的思维。行文到此，我感受到大数据对于社会和未来的发展至关重要，如果能将发散思维方法与之结合，将会产生巨大的创新效应！其运用之妙，于诸位看君而言，皆存乎一心！

第六章　逆向思维与创新

逆向思维，出其不意

《道德经》云："反者道之动。"意思是说，向相反的方向转化，是"道"运动的规律。诸如有无、难易、长短、高下、刚柔等一系列矛盾，这些矛盾都是对立统一的，是相互依存、互为前提的。正所谓"有无相生，难易相成，长短相形，高下相倾，音声相和，前后相随"，"祸兮福之所倚，福兮祸之所伏"，"正复为奇，善复为妖"，揭示的就是这个规律。这种把事物具有的向相反方向转化的规律，概括为"反者道之动"，其中就隐含着我们所谈到的逆向思维。

美国著名的小说家马克·吐温说过："当你发现你在这里用主流的语言来说话的时候，请一定停下来反思吧。"要想寻求新的突破，要不走寻常路。"凡战者，以正合，以奇胜。"拥有逆向思维的人才具备改变世界的能力。

逆向思维，出其不意

逆向思维是指突破惯性思维的束缚，从事物的反面提出问题、分析问题、解决问题的一种创新思维方法。这种思维总是与惯性思维相反，比如人进我退、人动我静、人刚我柔等。这种与他人截然相反的思维方式，看似不可理喻，让人摸不着头脑，却总能产生出其不意的效果。

逆向思维就是要反道而行，从问题的另一面来思考。图灵奖得主明斯基谈到其成功的诀窍时说："很简单，只要反对大家说的就可以了。"吸尘器的前身是吹尘器，开动时固然能把灰尘吹走，但粉尘飞扬，发明失败，休伯特·布恩改吹为吸而获得了成功。这是逆向思维在实践中的成功运用。

萧伯纳曾经说过：有些人只看见事物的表面，他们问的是"为什么"，而我却在想事物从未呈现出来的一面，我问"为什么不"！逆向思维总能在常规方法走不通时，起到出其不意的效果。

鸡蛋从里面打破是生命，从外面打破是食物。这是运用逆向思维而心生的感悟：皆是需要"打破"，一里一外，一生命一食物。从我们的生活常识中感悟出有意蕴有内涵的道理，进而升华和提炼，这是基于常识而又超越知识之上的见识。

逆向思维有如下几个特征：

（1）反向性。反向性是逆向思维区别于其他思维的最主要特点，强调采用与常规相反的思维路径，从事物的反面或反向进行构思与发想。

（2）普遍性。按照对立统一规律，任何事物都有其对立面，思考问题的角度也就有正反两面，所以逆向思维在不同领域、不同情境中都有其适用性。

（3）多样性。不同事物的表现形式是复杂多样的，有一种表现形式，相应地就有一种逆向思维的角度，所以，逆向思维也有无限多种形式。

（4）批判性。由于逆向思维是从相反的角度看问题，因此许多情况下会反映出打破常规、超出惯例、反对传统的性质，表现为对常规的批判，对传统或权威的挑战。它能够克服思维定势，破除由经验和习惯造成的思维僵化。

（5）突破性。运用逆向思维往往能克服惯性思维的障碍，打破思维定势，往往能够出奇制胜，形成突破性解决问题的方法，从而产生出其不意的效果。

（6）新颖性。逆向思维有助于人们冲破习惯的束缚、突破常规的约束，更容易产生前所未有的思想观念和解决问题的方法与途径，给人耳目一新的感觉。

“好好学习，天天向上”，这句话我们耳熟能详。当我们第一次听说“好好学习，天天上当”这句话，一定会“感叹”！这是逆向思维的巧妙运用。当学习错误的或不适合你的知识与技能时，你就是在“上当”，而不是“向上”！学“坏”也是学，但的确是“天天上当”！

逆向思维，“逆向来袭”，往往能起到出其不意的效果：意料之外，却又在情理之中。

逆向性思考：从惯性思维到逆向思维

惯性思维也称为习惯思维或思维定势(Thinking Set)，是由先前的活动而形成的一种对活动的特殊心理准备状态，或活动的倾向性。“久会而成习，久合而成惯，久应而成习惯思维。”习惯，按惯而习，“惯”者，引起本能的兴趣，内在规律，“习”者，反复操作或运用，即由于重复或练习而巩固下来的并变成需要的行为方式。经常按这种行为方式思考问题，就会逐渐形成牢固的思维定势，深入到潜意识中并反过来支配自己的言行。

我们熟悉的往往是已知的东西，并形成了一定的经验，而经验就是惯性思维的强大基础，人们在做决定时常常依赖这种惯性思维。在大多时候，惯性思维对于我们来说是非常必要的。因为惯性思维是我们基于长期的、大量的实践所积累出来的经验，这种经验来自于各种渠道，书本中、他人的教导或实际发生的事情，由于这种经验在实践中经过多次检验，屡试不爽，令我们深信不疑。所以，基于经验来判断事物在很多时候意味着是安全的、合理的，人们习惯使用自己的经验来判断事物，为我们的决策提供了保障，以避免走更多弯路。

惯性思维是把双刃剑，消极的惯性思维是束缚创造性思维的枷锁。在环境不变的条件下，惯性思维使人能够运用已掌握的方法迅速解决问题，而在情境发生变化时，它则会阻碍人们创新的实践。

当运用惯性思维走不通时，不妨试试逆向思维，常常会产生出其不意的效果。司马光砸缸的故事尽人皆知。一起玩耍的小伙伴掉进了水缸里，在这种情况下，运用惯性思维的做法应该是把人从水里救出来，而水缸对小朋友来说，又高又大，依靠几个小朋友的力量，很难把人救出来。司马光急中生智，从地上捡起一块大石头，用力向水缸击去，水涌出来，小伙伴也得救了。惯性思维是“救人离水”，而司马光却使用了逆向思维，即“让水离人”，从“救人离水”到“让水离人”，体现了从惯性思维到逆向思维的完美转换。

逆向思维是指突破惯性思维的束缚，从事物的反面提出问题、分析问题、解决问题的一种创新思维方法。这种思维总是与常规思维相反，比如人进我退、人动我静、人刚我柔、人推我拉等。这种与他人截然相反的思维方式，让人摸不着头脑，却总能产生出其不意的效果。

相信每个人都有过拍集体照的经历，为了使大家在拍照的瞬间一起看向镜头，通常的做法是摄影师数“3、2、1”后按下快门键。然而，尽管人们都努力睁大眼睛，却总是免不了有一两个人坚持不住眨了眼，尤其在人数较多的时候，要想保证所有人在照相的瞬间都保持一个饱满的状态非常不容易。

如何使大家在照集体照的时候坚持不闭眼呢？有人为了解决这个问题，创造性地想出了一个办法。正常人的眼皮，每分钟大约要眨动15次，每次眨眼耗时0.3~0.4秒，每两次眨眼之间相隔的时间约为2.8~4秒。眨眼可以起到清洁和湿润眼球的作用，眼睛睁时间长了就需要通过眨眼来补充水分，这是人体必要的生理活动，所以在照集体照时要这么多人在按下快门的瞬间同时保持不眨眼的确不容易。于是解决方法就是针对人们隔几秒就要眨一次眼的这个现象，反其道而行之。与其让所有人坚持不眨眼，不如反过来，避开这个问题，让大家都先把眼睛闭上，待摄影师按下快门前的一刻再一起睁开。

于是所有人在摄影师数“3、2、1”之前先把眼睛闭上，等摄影师数到1的时候再一起把眼睛睁开，摄影师随即按下快门。拍出来的照片不仅一个眨眼的都没有，而且大家的眼神都神采奕奕的。

这个办法你想到了吗？有时候，坚持不一定是胜利，转换一下思维，寻找到适合的解决方法才是胜利。

“反其道而思”

“反者道之动”，“反其道而行之”是逆向思维的外在表现，其本质在于“反其道而思”。“你应该把食物当作药物吃，否则你必会把药物作为食物吃。”逆向思维的表达让我们感悟到不一样的道理。

我们对一件事情做出决策大多会遵循常规思维。这种常规思维多是从他人那里得来的，可能是长辈的言传身教，也可能是书本上的知识。既然是常规思维，也就意味着是大多数人所认同的，也就是大多数人的思维，我们把它称为“共识”。我们会认为大多数人都这么觉得，所以就一定是对的，以至于很少会对事物进行深入的思考。所谓“共识”，固然有可能集合大众的智慧，但也可能是集合了大众的偏见。就比如说以前的人都认为地球是平的，难道大家都认为的就是对的吗?

常规思维既然是大多数人的思维，那这些人的思维路径、思维方法也都是相同的，当所有人的思维都是统一的时候，何谈创新?!

逆向思维不是为了逆向而逆向，“反其道而行”不一定行得通！我们重在培养一种思维观念，即在思维的过程中，并不只存在着一条思维的道路。鲁迅先生说：“世上本没有路，走的人多了，便成了路。”那么，当一条路走不通时，我们完全可以自己创造另一条路。逆向思维实际上就是培养一种思考问题的方式，并不只有一种路径可以通往终点。逆向思维在实践层面的运用有诸多类型，本章重点介绍三种逆向思维类型。

（1）反转型逆向思维。反转型逆向思维是从已知事物的相反方向进行思考，从事物的已知属性和特性以及因果关系等方面作反向思维，从而产生发明构思的途径。这个层面是主动使用逆向思维，寻求解决问题的新路径。

加里·沙克是一个具有犹太血统的老人。退休后，他在学校附近买了一间简陋的房子。住下的前几个星期还很安静，不久，有三个年轻人开始经常在附近踢垃圾桶闹着玩，把老人吵得心烦意乱。老人受不了这些噪音，出去跟几个年轻人谈判。然而，老人不但没有批评他们，还跟他们说："你们玩得真开心，我喜欢看你们玩得这么高兴，如果你们每天都来踢垃圾桶，我将每天给你们每人一块钱。"

三个年轻人很高兴，于是每天都来老人的楼下踢垃圾桶，更加卖力地表演他们的"脚下功夫"。不料三天后，老人忧愁地说："通货膨胀减少了我的收入，从明天起，只能给你们每人五毛钱了。"

几个年轻人显得不太开心，但还是接受了老人的条件，他们依然每天去踢垃圾桶。一周后，老人又对他们说："最近没有收到养老金支票，对不起，每天只能给你们两毛钱了。""两毛钱？"一个年轻人脸色发青，"我们才不会为了区区两毛钱浪费宝贵的时间在这里表演呢，不干了！"

从此以后，老人又过上了安静的日子。面对三个血气方刚的年轻人，老人深知强制性的批评与命令只会让他们产生敌对心理，从而变本加厉适得其反。利用逆向思维，不仅不训斥他们，反而还倒给他们钱，当年轻人是为了获得报酬而玩耍的时候，他们已经不快乐了。而后来逐渐把报酬减少，激怒了三个年轻人，从此再也不来这里玩耍了。

（2）转换型逆向思维。转换型逆向思维，指在常规思维无法顺利解决问题的情况下，转换另一种思维方式，从相反的方向进行思索，使问题顺利解决的思维方法。

很久以前，还没有发明鞋子，所以人们都赤着脚，即使是冰天雪地也不例外。有一个国家的国王热爱打猎，有一回他在打猎时脚被一根刺扎伤了。他痛得"哇哇"直叫，把身边的侍从大骂了一顿。第二天，他向一个大臣下令：一周之内，必须把城里大街小巷统统铺上毛皮。如果不能如期完工，就要把大臣绞死。一听到国王的命令，那个大臣十分惊讶。可是国王的命令怎么能不执行呢？他只得全力照办。大臣向自己的下属官吏下达命令，官吏们又向下面的工匠下达命令。很快，往街上铺毛皮的工作就开始了，声势十分浩大。

铺着铺着就出现了问题，所有的毛皮很快就用完了。于是，不得不每天宰杀牲口。一连杀了成千上万的牲口，可是铺好的街还不到百分之一。离限期只有两天了，急得大臣消瘦了许多。大臣有一个女儿，非常聪明。她对父亲说："这件事由我来办。"大臣苦笑了几声，没有说话。她向父亲讨了两块皮，按照脚的模样做了两只皮口袋。

第二天，姑娘随父亲来到王宫，对国王说："国王，您下达的任务，我们都完成了。您把这两只皮口袋穿在脚上，走到哪儿都行。别说小刺，就是钉子也扎不到您的脚。"国王把两只皮口袋穿在脚上，在地上走了走，果然，穿上这两只皮口袋走路舒服极了。国王于是下令把铺在街上的毛皮全部揭起来。很快，揭起来的毛皮堆成了一座山，人们用它们做了成千上万双鞋子，而且想出了许多不同的样式。

许多人遇到问题便为其所困，找不到解决的办法，实际上，如果能换个角度看问题，有时一个看似很困难的问题也可以用巧妙的方法轻松解决。

（3）缺点逆向思维。缺点逆向思维指找出事物的缺点和不足，将缺点有效利用起来，化被动为主动，化不利为有利的思维方法。这种思维方法的关键，就是要人们学会利用某些事物的缺点，做到"变害为利"。

日本是一个经济强国，却又是一个资源贫乏国，因此他们十分崇尚节俭。当复印机大量吞噬纸张的时候，他们将一张白纸正反两面都利用起来，一张顶两张，节约了一半。日本理光公司的科学家不以此为满足，他们通过逆向思维，发明了一种"反复印机"，之前复印过的纸张通过它再次复印后，上面的图文都消失了，重新还原成一张白纸。这样一来，一张白纸可以重复使用许多次，不仅创造了财富，而且节约了资源。

“反其道而思”：节俭固然重要，创新更为可贵。

逆向思维，创新至上！

逆向思维与辩证法

逆向思维就是培养我们辩证地去看待事物，要求我们既要看到事物好的一面，又要看到相反的一面，从正反两个角度来看待事物，以求更全面地认识事物。逆向思维是对传统思维、经验思维的质疑，敢于反其道而思之，克服惯性思维所产生的思维定势，改变思维的出发点和思考路径。

我国古代有这样一个故事，一位老母亲有两个儿子，大儿子开染布作坊，小儿子做雨伞生意。每天，这位老母亲都愁眉苦脸，天下雨了怕大儿子染的布没法晒干；天晴了又怕小儿子做的伞没有人买。一位邻居开导她，叫她反过来想：雨天，小儿子的伞生意做得红火；晴天，大儿子染的布很快就能晒干。听后这位老母亲眉开眼笑，活力再现。

这就是逆向思维的力量，仅仅只需要思维上的一个小小的转换，就让这位老母亲从愁眉苦脸到喜笑颜开。任何事情都有其两面性，有时候使我们忧愁、焦虑、困扰的不是事情本身，而是我们的思维。当碰到让我们费解的难题时，不妨将思维进行转变，从事情的另一面看待问题，可能会让你茅塞顿开。

逆向思维也是辩证法在思维中的运用。

创造伯克希尔·哈撒韦公司辉煌的背后，除了众所周知、广受赞誉的沃伦·巴菲特外，还有被称为“幕后智囊”和“最后的秘密武器”的查理·芒格，他是巴菲特的黄金搭档。他的思维方式往往是反其道而思之，我们总是喜欢寻找一些成功的案例进行分析，他却背道而驰，喜欢分析那些失败的案例，寻找一些蛛丝马迹，从而不让自己犯下诸如此类的错误。

查理·芒格年轻时的个人生活很艰难，甚至可以说是凄惨，他几乎经历了一个人所能经历的所有苦难和不幸。正是他年轻时所经历的这些苦难和不幸，使他在哈佛大学毕业典礼上的演讲不同凡响。

大多数演讲者通常会选择讲述积极、正面的事情，标榜正能量、传递鸡汤，例如"如何获得幸福的生活""如何努力才能成功"，但要知道，鸡汤不是万能的，喝多了鸡汤也会腻的。而查理·芒格并没有像其他演讲者那样传递正能量，他在演讲中运用逆向思维的原则，向在座的所有人阐述了一名毕业生如何才能过上痛苦的生活。

演讲中，查理·芒格给在座的所有毕业生开了能够使人过上痛苦生活的"四味药"：第一，要反复无常，不要虔诚地做你正在做的事；第二，不要从别人的失败经验里获得教训；第三，遇到严重失败时请意志消沉；第四，请忽略朴素的智慧。查理·芒格告诉在座的所有毕业生，只要做到上述四点，就一定可以过上痛苦的生活。

理查·芒格并没有告诉同学们该如何追求幸福，而是用风趣的话语告诉他们如何能获得痛苦。幸福和痛苦是相对的，相信绝大部分人都不希望自己的人生是痛苦的，而当你知道了如何获得痛苦，才能更好地避免痛苦，从而获得幸福。

有时候我们从正面难以得到答案的事情，从反面想一想，可能会豁然开朗。就像如何追求幸福这个问题，太多的人表达过自己的观点，一千个人有一千个哈姆雷特，而能让你赞同并记住的可能寥寥无几，而用逆向思维来回答这个问题，却使你印象深刻。

其实生活中有很多事情从正面是难以回答的，从正面想不清楚时，换个角度，把事情反过来想一想，或许能给你意想不到的答案。 正如巴菲特所说的伟大投资秘诀：永远不要亏钱。

你希望在一场乒乓球比赛中获得胜利，你可以想一想如何能造成一场比赛的失利，比如想赢怕输的心态、战术过于保守、无谓失误过多、击球线路过于单一、旋转不够强、步伐移动太慢。 当你充分了解这些可能会造成你失利的因素时，你就可以有针对性地避免它，从而使你获胜的几率大大提高。

每个人都希望搞好自己的人际关系，让自己无论是在工作中还是生活中，都可以左右逢源，心情舒畅。 那么你应该了解那些令人反感的行为，比如在背后议论别人；与人交流时只顾表达自己的想法，不懂得倾听；打探别人的隐私；当着别人的面唉声叹气，传递负能量；不卫生，给人邋遢的形象；经常找人借钱，金额不大，但次数频繁；时间观念差，经常迟到；心直口快，口无遮拦。 避免以上这些令人反感的行为，相信你的人缘一定不会太差。

逆向思维实际上是一个动态的概念，一个相对的概念，没有绝对的逆向，也没有绝对的正向。 大多数人所遵循的思维路径，就是正向思维，与之相反的思维路径就是逆向思维。 但正向与逆向可能随着时间相互转化，大多数人都使用与正向思维相反的思维路径，那之前的逆向思维就变成了正向思维，之前的正向思维则成为了逆向思维。 正向思维与逆向思维是两个对立的概念，思维的出发点不一样，思维路径也不一样，所以两种思维的结果也是截然不同的。

“雅努斯”是罗马神话中一尊奇特的门神：两面神。 他的脑袋前后各有一副面孔，一副看着过去，一副注视未来。 于是一提到“雅努斯”，人们立即就想到“对立”。 美国精神病学家卢森堡对有重大科学发现和创造性成就的人物作了大量的调查、访问和分析，提出了“两面神思维”这一概念，他发现很多有伟大成就的人物都具有这种思维特征。所谓两面神思维，就是追求“对立面的整合”，将两个相反或相对立的概念或思想相融合的一种思维方式。这种思维方法与第一章所谈到的整合思维有异曲同工之妙！

“两面神思维”告诉我们，相互对立、相互矛盾的思想、事物或现象不一定是相互排斥的关系，要将两种不同的事物同时进行认识和思考，辩证地去看待他们，去伪存真，舍非求是，这也就是辩证的创造性的思维。

包括爱因斯坦在内的许多科学家、艺术家、哲学家等的伟大发现和创造都是来自于“两面神思维”的成果，他们能以一颗平常心看待两个相互对立的事物，从对立中寻求融合，在绝望中找到希望，从而取得创造性的突破。

一个孩子从8个月开始学着说话，2岁左右学会说话，但却要用一生学会闭嘴。说，是一门艺术；不说，是一种修养。说，是一种能力；不说，是一种智慧。我们花了两年时间学说话，却要花数十年时间学会闭嘴。等待别人把话说完，是一种能力，也是一种修养。有一种倾听叫胸有成竹，沉着冷静，那是一种气势和气场，不语也能威严，无声也能温暖，才是魅力。有一种聆听需要忘我，听落雪的声音，听风过屋檐，听早晨的鸟鸣，听一段美妙的旋律，是一种境界和修为。

生活的经验告诉我们：有时话多，会惹出好多麻烦；话少，能减少好多麻烦；沉默，可避免好多麻烦；微笑，能解决好多麻烦。其实，很多时候，语言并非人与人沟通的唯一或最好的方式。有时一个会意的眼神，一个灿烂的微笑，一个谦卑的姿态，一个开怀的拥抱，一个善意的行动，胜过千言万语。

说与不说，言与不言，能力和智慧尽在其中。

“为”与“不为”

“无为而无不为”语出老子《道德经》第三十七章“道常无为而无不为”。说的是人要遵循自然之理，顺应自然的运行，不必去干预自然的运行，不做或暂时不做某些次要的事情，要审时度势，决定取舍，选择重要的事情去做。这其中既包含了辩证法的逻辑，又充满了逆向思维的智慧。

如果你想把每件事都做到最好，很可能一件事都做不好。这时候我们不妨运用逆向思维，想一想哪些事情是我们可以不做的，或者是可以把标准降低一些的。当我们对事情进行甄别之后，忽略掉那些可以不做的，去除那些对你来说是负担的东西，停止做那些你已觉得无味的事情，才能更好地投入到真正需要做的事情上。只有放弃才能专注，只有放下一些事情才能全力以赴地去做更有意义的事。因此，做一个优秀的人，既要懂得努力，认真踏实地做事情，也要懂得选择，选择对自己重要的、有意义的事情。人一生中应该永远做重要而不紧急的事情，才会使我们的人生显得从容不迫。

有一个男孩考入了一所师范学院，在师范学院里，他喜欢上了唱歌。马上就要毕业了，男孩的心却充满了困惑。唱歌和当老师都是他喜欢的，如何选择呢？男孩最后想出了一个折中的办法：先当一名教师，在教学之余练习唱歌，然后再成为一名歌唱家。

男孩把他的想法告诉了父亲。父亲指了指他面前的两把椅子，那两把椅子相距有不远的距离，父亲说：“你能同时坐到那两把椅子上面吗？”

男孩摇了摇头。父亲说：“很多时候人们都想同时坐两把椅子，但这样只会使自己摔到地上，生活要求你只能选一把椅子坐上去。”

此时，男孩知道他必须做出艰难的选择。最终，他选择了他更加喜欢的唱歌，并成为一名著名的歌唱家，他就是世界三大男高音之一——帕瓦罗蒂。

可以想象，如果当时的帕瓦罗蒂按照他所谓的“折中”想法，可能很难发挥他在音乐上的天赋，也就难以达到他今天的成就！

像这样的例子有很多，比如伟大的革命先行者孙中山和文学巨匠鲁迅本来都是学医的，香港富商李嘉诚也曾立志学医，革命导师马克思年轻时曾想做一个诗人。但是，他们根据自己和社会的需要，及时调整自己的人生方向，放弃他们原有的理想，转而从事对于他们来说更有意义的事情，最终取得了举世瞩目的成就。他们的放弃不是因为他们意志不坚定，而是深思熟虑、权衡利弊之后的取舍。

传说东南地区的珍品，当数荆山的鹿脐最为贵重，而且人人欲得。荆地有个捕鹿的人，紧紧追逐一只鹿不放，鹿被追得急了，只好把身上的脐挤出来，扔到树林里。追捕的人在那里得到鹿脐，也就不再追了，鹿因此得以逃脱了危险。这说的就是舍弃自身的部分利益，从而来保住性命。

我们的一生会面临很多次选择，甚至每天都会有各种各样的选择，既然是选择，就意味着有取舍，有取就有舍，有舍才有取。即使一个房间里有无数把椅子，你也只能选择其中一个最适合你的，这样才不至于摔倒，才能坐得安稳。而在生死攸关的时候，就像那只逃命的鹿，相比于自己的脐，命更重要，只有舍弃了脐才能保住命。所以在很多时候选择意味着痛苦，但也是必须经历的过程。

“为”与“不为”是两个相对的概念，生活在这个社会中，我们要有自己的标准和底线，什么是该为的，什么又是不该为的。比如，善良是我们必要的品质，而邪恶则是不该有的品质。再比如，孝敬父母是必须要做的，而贪腐犯罪则是不能触碰的。再有，诚实守信是人际交往的重要法则，而见利忘义则是不该有的。我们的心里要有一杆秤，清楚地知道什么是该做的，什么是必须杜绝的。

真正的自由不是你能做你想做的事，而是可以不做你不想做的事。自由不是想做什么就做什么，因为我们生活在这个世界担任着不同的角色，每一个角色有它特殊的责任，这个责任要求我们做我们该做的事。没有绝对的自由，由于自身的限制，有一些事是注定无法做到的。就像鸟儿自由飞翔依赖于翅膀下的风与宽广的蓝天，鱼儿自由地游泳依赖于水流和广袤的大海，人们自由地呼吸依赖于空气中的氧气。如果鸟儿想游泳，鱼儿想飞翔，但是它们做不到，那不是没有自由，只是任何人、任何物都有它自身的局限而已。我们只有相对的自由，这种自由就是我们可以不做违背自己意愿的事情，比如，可以不参加一些不必要的应酬，可以不说那些违背良心的话，可以不与不喜欢的人打交道。而这种自由，是建立在有作为的基础上，只有有能力、有作为，才能选择哪些是我们想做的，哪些是不想做的。每天思考如何让自己有钱，不如行动起来让自己值钱，你越值钱，你的选择权利也就更多，也就更容易获得自由。

“为”与“不为”的选择中，蕴含了“舍得”的智慧。“舍得”不是“舍”与“得”之间的日常计较，而是一种人生态度，是拥有超越境界来对已得和可得的东西进行决断的情怀和智慧。

屠呦呦与青蒿素

2015 年 10 月 5 日，因为发现的青蒿素应用在治疗中使得患疟疾的患者死亡率显著降低，中国女科学家屠呦呦获得了诺贝尔生理学或医学奖，她是第一位获得诺贝尔科学类奖项的中国本土科学家，实现了中国人在自然科学领域诺贝尔奖零的突破。

不得不说，屠呦呦发现青蒿素是中国科学界的一大突破，而逆向思维在屠呦呦发现青蒿素的道路上发挥了举足轻重的作用。

长久以来，疟疾一直是困扰人类健康的一大隐患，在非洲、东南亚和南美洲的一些国家，疟疾则是恐怖的死亡杀手，每年都会夺走几十万人的生命。 20 世纪 60 年代，原有抗疟药由于使用的时间太长，疟原虫普遍对这些药物产生了抗药性，那么寻找新的抗疟疾药物就成为了一个迫切的任务。

青蒿素的出现，使无数人得以免于死亡。

1967 年 5 月 23 日，“疟疾防治药物研究工作协作会议”在北京召开，动员了全国 60 多家研究机构的 500 多名研究人员，齐心协力寻找新的抗疟疾药物。 这个项目就以会议当天的日期作为其代号——“523 项目”。1969 年 1 月，在北京中药研究所担任助理研究员的屠呦呦被任命为“523 项目组”的负责人。

工作刚一开始，屠呦呦感觉难度非常大，她决定先从系统的中药经验整理入手，因为她相信，疟疾这种病在中国流行了几千年之久，可并非一旦感染就会致命，肯定会有许多可以治疗疟疾的民间中草药药方可以发掘。

屠呦呦花了整整三个月的时间，汇集了内服、外用，包括植物、动物、矿物等2000余种药方，并在这些药方的基础上，整理出以640余个药方为主的《抗疟单验方集》，而日后那拯救全世界无数人于病痛折磨的青蒿就沉睡在这600多个药方中，静静等待着屠呦呦的发现。

屠呦呦首先从《抗疟单验方集》中挑选了胡椒、青蒿、雄黄等50多个样品进行试验，而在这50多个样品中，胡椒提取物拔得了头筹，它对于鼠疟模型的疟原虫抑制率高达84％，这让“523项目组”的领导们对胡椒给予了厚望。但在人体的临床实验中，胡椒并不能有效消灭人体中的疟原虫。由此，被寄予厚望的胡椒治疗法宣告失败了。

虽然用胡椒治疗疟疾的方法失败了，但屠呦呦并没有气馁，她开始另辟蹊径，寻找新的目标。抗疟研究又回到了起点，她又拿出了那本《抗疟单验方集》，重新寻找可以治疟的草药。而这一次，青蒿终于进入她的视线，青蒿在这本《抗疟单验方集》中被多次提到，但令人失望的是，青蒿的试验效果还不如胡椒，其对疟疾的抑制率只有68%。

屠呦呦感到不理解，既然古方里那么多次提及了用青蒿可以治疗疟疾，那就一定不是无中生有，但怎么试验效果不理想呢？不甘心的屠呦呦又用青蒿做了第二轮实验，而在这次实验中，青蒿对于疟疾的抑制率只有40％，最低的时候只有12％，这一结果不仅封死了青蒿的抗争之路，也在屠呦呦那熊熊燃烧的抗疟希望之火上，泼了一盆冷水。

屠呦呦在书房中仔细地思考着，在屠呦呦所有阅读过的治疗疟疾的古方当中，《肘后备急方》深得她的关注。这本东晋时期葛洪所撰写的书籍当中，明确地记载了青蒿可以治疗疟疾。书中写道：“青蒿一握，以水二升渍，绞取汁，尽服之。”即拿一把青蒿，用两升水浸泡，然后榨取它的汁液，全部服下。看到这句话，屠呦呦仿佛突然之间有了灵感。她脑海里迅速地回忆着之前每一次试验的所有细节，为什么葛洪要在这里特意强调绞取汁，而不是用传统的水煎服法呢？ 一个灵感顿时出现在了屠呦呦的脑海中，温度！ 古人用绞汁的方法得到的是青蒿鲜汁，在提取时丝毫没有提到加热，或许青蒿素恰好忌讳高温，以往的实验方法使青蒿的有效成分被高温破坏掉了，因此才使得青蒿素一直在与她“捉迷藏”。

从古书中得到的启示，让屠呦呦迫不及待地想用实验加以佐证，充满干劲的屠呦呦与她的伙伴们重新架起了仪器进行试验。 这一次，一个新的化学试剂出现在了试验台上，这个试剂正是屠呦呦准备用来提取青蒿的有效提取物，证实低温提取方式的有效杀手锏——乙醚。

乙醚，是一种无色透明液体，其沸点为 34. 6 摄氏度。 由于它的沸点很低，因此最适合在低温环境下发挥功效。 而在屠呦呦的预想中，在如此低温下，青蒿素将不会因温度过高而挥发。 终于，皇天不负有心人，在乙醚的低温条件下，终于提取出了青蒿的有效提取物。

屠呦呦正是突破了常规思维的束缚，打破传统的水煮或高温提取的方法，转而使用乙醚对青蒿进行低温提取，从而成功提取出了青蒿中的有效成分。 从高温提取转为低温提取，逆向思维发挥了巨大作用。

青蒿素的有效提取物被提取出来了，但临床实验结果却显示，仅靠低温提取的青蒿提取物并不能完全治疗疟疾。

屠呦呦又开始回想以往实验的每一个细节，之前的提取都是沿用中药的惯例，对植物的茎干进行提取，而叶子部分都是被忽略掉的，如果提取的对象换成叶子，会不会有用呢？ 想到这里，屠呦呦立马把一颗新的青蒿分解成叶子和茎干两部分，分别装进了两支试管，经过化学试剂的溶解后，被分解成液体，经过细细比对，得到的答案果然印证了屠呦呦此前的猜想，青蒿的叶子才是含有有效抗疟成分的部位，从而实验证明从叶子中提取的青蒿素对疟原虫的抑制率为100%。

屠呦呦“大胆猜想，小心求证”的精神令我们敬佩。在按照传统中药的方法对青蒿的茎干进行提取不成功的情况下，屠呦呦充分运用逆向思维，反其道而行之，转而对青蒿的叶子部分进行提取，从而获得了成功。

从高温提取到低温提取，再从茎干提取到叶子提取，这两次突破性的转变对青蒿素的发现起到了决定性作用，也充分显现了逆向思维在创新创造过程中的巨大作用。

“香花无色，色花不香”，这真是一个惊人的发现；“素朴的花喜欢成群结队，美艳的花喜欢幽然独处”，也是惊人的发现。依照植物学家的说法，白花为了吸引蜂蝶传播花粉，因此散发浓厚的芳香；美丽的花则不必如此，只要以它的颜色就能招蜂引蝶了。我们不管植物学家的说法，就单以“香花无色，色花不香”就可以给我们许多联想，以及人生的启示。

在人生里，每一个人都有其独特非凡的素质，有的香盛，有的色浓，很少能兼具美丽而芳香的，因此我们不必欣羡别人某些天生的素质，而要发现自我独特的风格。当然，我们的人生多少都有缺憾，这缺憾的哲学其实简单：连最名贵的兰花，恐怕都为自己不能芳香而落泪哩！这是对待自己的方法，也是面对自己的缺憾还能保持自在的方法。

用逆向思维来思考我们的人生，人生似乎又多了一些耐人寻味的东西。

第七章　简约思维与创新

“不简单”的简约思维

一部宇宙，时空二字；一本《周易》，阴阳两极；字母二十六，表尽人类思想；元素一百多，囊括宇宙万物。古今中外，大道至简。简单是宇宙的精髓。正如达·芬奇所概括的名言，简单是复杂的最高境界。而将简约思维运用于创新之中，则会创造出一种新的境界。

大量的事实说明，“能少者必能多，但能多者未必能少，这是因为由多到少是由创造性智慧来实现的”。① 布列松在《电影艺术摘要》一书中写道：不多也不少，简约乃智慧，而且以少胜多方显大师的本色。

的确，简约就是智慧；简约思维，就是智慧的思维。

大道至简，天下一理。

“不简单”的简约思维

思维最大的敌人就是复杂，因为这会导致混乱。如果思维方式简单明了，它就会变得比较有趣而且有效果。正如我们对定位的解读一样：复杂是定位的天敌，简单是定位的真谛。简约思维就是要将繁琐芜杂的

① 刘道玉：《创造思维方法训练》，武汉大学出版社2009年版，第120页。

东西去粗取精、去伪存真、化繁为简，而任何可以化繁杂为简单的简约思维都会呈现出美的意境。因此我们将简约思维称为创意中的“唯美”思维。

简约不意味着简单，而是对复杂的问题、深奥的理论进行探索、思考、归纳，再通过简约的方法予以展现，减少认知负担，让人一看就懂、一点就通，并力求能达到最好的效果，这就是简约思维。

世界著名短篇小说家契诃夫说：“简洁是才能的姊妹！”简约就是智慧，简约就是力量。伍德罗·威尔逊的父亲教导其子读写时说“一语，中的”。① 简练，鲜明，才能直抵人心。复杂获取赞赏，简单赚取报酬，这是人类的天性。“即使是最复杂的情况，也能用简单的原理来处理。在高尔夫比赛中，保持低头，左手臂放直。”②

“简约而不简单”，这是利郎男装品牌的广告语，无论是产品风格还是品牌内涵，无不充分体现和演绎了利郎男装的简约精神和价值观念。其在国内率先打出了“商务休闲男装”的概念，目标消费群体定位于都市白领、商务人士和成功人士等“中产阶级”。在品牌塑造和传播中，也紧扣“商务”“休闲”这两个概念。正如其广告词中所言，“多则惑，少则明”，品牌的塑造也是如此，要做到简单并直达人心。

史蒂芬·霍金(Stephen Hawking)在其畅销书《时间简史》中提道：插入任何一个数学公式都会使作品的销量减半，所以他考虑再三，只用了一个公式 $E=mc^2$。正是因为运用简约思维而做出的“英明的决策”，让这

---

① ［美］乔什·韦尔特曼：《一切都与广告有关——成功吸引顾客购买的秘密》，汤珑译，中信出版集团 2017 年版，第 47 页。

② ［美］艾·里斯、劳拉·里斯：《品牌的起源》，寿雯译，山西人民出版社 2010 年版，第 230 页。

本书被翻译成45种语言并被各国读者所追捧，其销量在亚马逊科普读物销售排行榜单中常年占据第一的位置。《时间简史》叙述方式简单浅显，文字不多，却足以带领读者领略漫长岁月中这浩瀚宇宙的瑰丽与震撼。该书之所以如此受欢迎，是因为在复杂和简单之中，人们总是喜欢选择简单的东西。

“抖音”短视频APP不仅时长短，而且对于用户来说使用起来非常简单，打开页面即直接浏览，下滑即可跳到下一个，双击屏幕点赞，点加号关注，操作简便，界面简洁。

但是其背后的设计却非常精心，简单的切换后面，蕴含着精密的算法。第一次进入抖音的界面，你会收到精密算法推送给你的感兴趣的内容，给你刺激。遇到不喜欢的，下滑，系统就会给你推送另一个，这种无缝对接，会让你总是舍不得走，就像赌场的赌桌，隔得很近，让你不断想再尝试另一个。让本来只想观光一下、没有常驻想法的你，却在这流连忘返，久久徘徊。

简洁的画面隐去了每个视频的时间，你无法判断自己看了多久，每个视频很短，总是会有更新奇的吸引着你再看一个，而最后等你反应过来，几个小时可能就过去了。就像澳门威尼斯人、北京世贸天阶的电子天幕，头顶一直都是蓝天白云，让你分不清外面是白天还是黑夜，总感觉天色还早，还可以再多待一会。无论是APP还是商场，你的时间，就是他们想挣的钱。

阿里也是基于用户体验和用户激励推出了“88VIP”。花费88元，用户就能一键开通饿了么、天猫、虾米、优酷、淘票票等会员权益。对于用户来说，“88VIP”能用88元在各类APP上省钱省心地一键式开通会员，系统能够自动联动，无须输入太多的内容，但这背后，于阿里而言，淘宝、天猫、支付宝、飞猪、银泰、优酷等会员之间的相互协同效应逐渐显现，构建了一个庞大的阿里系生态圈。

在淘宝生态的延展下，线上有了“衣食住行娱”各个场景的入口，让已经开通会员的用户主动选择他们构建的场景，并长期在该场景内产生消费行为。场景实验室创始人吴声曾说过：“场景本质上是对时间的占有，拥有场景就能拥有消费者的时间，就会轻松占领消费者的心智。”

无论是将宇宙空间问题简单化的《时间简史》，还是抖音简洁的界面和简单的操作，或是一键式的阿里会员体系，都是作者、企业、平台对于深奥的理论、复杂的用户行为进行归纳，让人的阅读、使用体验更加舒适。简约也就是化繁为简，上述的由长篇大论到精简的文字叙述，由复杂的视频界面到简洁的视窗都属于简约；从身边生活来看，由庞大到精小、由杂乱到清晰、由冗长到简短……都体现着简约，而在这个过程中所运用的思维方式就是简约思维。

简约思维的最大特点就是能从纷繁复杂的事物中“抽丝剥茧”，洞察本质，把握规律，引导创新。简约思维并不简单，它无法被预见，无法被控制，需要突破，并且背后都有着复杂的布局，能够通过简约的方法揭示和表达最深奥的理论和复杂的问题，然后将它运用于创新的实践中，并力求达到最好的效果，这就是创新和创造的最根本的目的。

“简约主义”

德国著名建筑师密斯·凡·德·罗(Ludwig Mies Van der Rohe)的经典名言“少即是多(Less is more)”代表了简约主义的核心思想，“少”不是空白而是精简，“多”不是拥挤而是完美。

在20世纪以前，建筑的设计构造受到当时技术和建筑拥有者想法的限制。在当时的西方建筑形式中，庞大的建筑结构、众多的点缀、繁多的装饰物件是其标志性象征。当“钢铁”“玻璃”“电力”出现后，建筑也在悄无声息地发生着改变，一批拥有着革新思想的建筑师走在了“简约主义”的前列，密斯也是其中一位。

密斯的建筑艺术追求精简，这对于结构有着非常高的要求，要能保证建筑的稳定性，同时又要追求简约，它依赖于结构，但不受结构的限制。其1929年设计的巴塞罗那世界博览会德国馆正是如此，你绝对见不到任何一件附加于建筑之上的多余的东西，没有繁多的、无意义的装饰，没有为了博人眼球而存在的摆件，有的只是轻灵通透的建筑本身和它里外连续流通的空间。此馆的设计，使密斯达到了事业巅峰，其告别之作也同样精彩。

柏林新国家美术馆就是一件钢与玻璃的雕塑艺术品。美术馆是两层的正方形建筑，一层在地上，一层在地下。展览大厅四面都是玻璃，上面是钢的平屋顶，其支撑柱与屋面的相接处，也精简到只有一个小圆球。这座美术馆在密斯逝世后才完工，是他毕生探索的钢与玻璃的纯净建筑艺术风格的绝唱，它可以说是钢与玻璃的现代“帕特农神庙”。①

简约主义建筑风格的特色是将设计的色彩、元素、装饰、照明等简化到最少的程度，但是对色彩、材料、照明等的质感要求很高。少而精的简约主义理念不仅在建筑学当中有所运用，也成为众多品牌的理念法则，“少即是多”的设计思维也被越来越多的设计师所追捧，并且运用到自己的设计之中。

---

① 吴焕加：《20世纪西方建筑名作》，河南科学技术出版社1996年版，第206页。

提到简约主义，可能很多人会想到“无印良品”。1980年，无印良品创始人堤清二与第一代设计大师田中一光构想了一个独具一格的“反品牌计划”：对抗既有色彩喧嚣、杂乱的品牌。无印良品品牌名称的意思即为“没有名字的优良商品”，田中一光确定这个品牌就是要做到“无品牌、有品质、便宜”。它自始至终坚持3个基本原则：第一，精选材质；第二，修改工序；第三，简化包装。

无印良品的品牌Logo，就是对其简约思维的最好证明，简洁的白色字体搭配胭脂红底色，没有多余的装饰，简洁而有力。无印良品从极致合理的生产工序中诞生的商品非常简洁，精简的设计元素、单纯的配色、质朴的外观，让人单一看或许觉得没那么出色，但是细看，他们对于材料的选择、细节的设计处理就会打动人心。在店内精心布置、组合搭配摆放下，品牌特色也就此彰显。感官上简约整洁，内涵简约却不简单。无印良品这么形容其自身的风格：“就如‘空容器’一样。正因为其单纯、空白，所以那里才诞生了能够容纳所有人思想的终极的自由性。”这里的“少”正是选择了“多”，没有迎合哪一种文化潮流，没有多余、复杂的设计，而是还原以物品本质，用简约、素雅的风格在众多品牌中脱颖而出，不立文字，却饱含深意。

无印良品的商品不只是一种设计，更是为顾客打造了一种生活方式。简约生活，是一种极力减少对财富的追求和消费的生活方式。美国作家杜安·艾尔金(Duane Elgin)在其《自求简朴：新文明的挑战》一书中写道：“我们可以将自求简朴称为一种外在越俭朴、内心越富有的生活方式，一种最真实、最活生生的方式，带给我们与生活直接且有意识的接触。”

对于这种生活方式的追求，中国古来有之，老子的观点是“见素抱朴、道法自然、恬淡为上”，庄子的道学是在平淡无奇中求其醇厚之味。

如今，这种生活方式受到了越来越多人的认可，美国与加拿大的生态无政府主义团体宣扬简朴的生活形式；英国的“全国慢生活周”（National Downshifting Week）鼓励参与者积极拥抱简朴的生活。这个活动的发起人崔西·史密斯（Tracey Smith）曾说过这样一句话：“你花越多钱，你就必须花更多时间去赚取金钱，而你就越没有时间去做自己想做的事。”简约主义体现在生活中就是：减少不必要的物质消费，自力更生，不使用动物制品，减少无效社交，将时间和精力投入到自己喜欢、享受的事情上。

不去刻意追求财富的赚取或物质的满足，你就能有更多的时间和空间去追求心灵的生活。正如雅典哲学家伊壁鸠鲁（Epicurus）所提倡的享乐主义（Hedonism），将无忧无虑的生活当作快乐的典范。他指出维持奢侈生活所引起的烦恼比所得到的快乐还要多，在维持胜利的舒适度和最低消费的基础上，别的事物应该减少或避免，需要仔细挑选。

有的人认为，这种简约的生活方式是对生活本质意义的追求，是一种生活态度；但也有反简约生活的人认为，这会成为人逃避工作、社会交往的借口，只在乎个人的享乐，不在乎集体的利益、发展。简单、朴实的生活对于我们每个人都有不同的意义和价值。简约是一种高品质的生活态度，而不是吝啬，不讲究生活质量；简约是一种找到最适合自己内心的生活状态，而不是敷衍、自私和伤害他人的行为方式。

我们身在多元化的世界之中，在不伤害他人的前提之下，每一种选择都有其生存、成长的土壤和空间，简约主义也给了我们一定的启示：“该简约的一定要简单，不能画蛇添足；不应当简约的，也不能一味地追求简单。”①

① 刘道玉：《创造思维方法训练》，武汉大学出版社2009年版，第120页。

“简约，意味着人性化”

“如果你不能完全了解人类的行为，你就无法掌握简单的真谛。 你永远也不能忘记最基本的东西，不能偏离人性的层面。”①简约，意味着我们要了解人的生活习惯、行为习惯，让自己的产品、服务方便消费者，能够既符合他们的功能诉求，同时又满足他们的心理需求。

谷歌第一位产品经理玛丽萨·梅耶尔(Marissa Mayer)曾说过：“谷歌的主页在你需要的时候给你想要的东西，而不是在你不想要的时候给你可能需要的东西。”

简约思维意味着真正地站在用户的立场上，给他当下最需要的东西。

以飞贷金融为例。 传统的银行贷款方式有五大难：申请难、获批难、用款难、还款难、再借难。 对贷款人来说，每一难都很难逾越，对贷款机构来说同样很难，要大量铺设线下网点，人工方式审核成本高、效率低、风险大。 那么飞贷金融是如何解决这一问题的呢?

飞贷金融通过技术手段，将一切人工环节的繁琐流程做到最简化，只需要在手机下载“飞贷 APP”，五分钟，四个步骤，就可以完成全部的贷款申请和审批，解决传统贷款的各种难点。

这种简约的背后，是不简单的金融科技在支撑：所有的贷款资金来自银行，避免了 P2P 贷款的金融乱象；通过科技手段建立风控模型，通过精密的算法手段，可以承担银行不敢承担的贷款风险；通过 APP 的人脸识别、身份证扫描完成贷款用户的身份确认；通过接入上百个大数据源，判

---

① ［美］戴夫·柯本、特蕾莎·布朗、瓦莱丽·普里查德：《互联网新思维：未来十年的企业变形计》，钱峰译，中国人民大学出版社 2014 年版，第 65 页。

断贷款用户的偿款能力、偿款意愿；通过用户行为数据，不断调整风控模型，在实现用户便利贷款的基础上，企业也能持续经营。

风控是金融的核心所在。传统风控，一般谈论较多的是潜在不良客户的防范，但飞贷金融的“天网”风控体系做到的不仅于此，而是在此基础上动态、立体地甄别出信誉良好的客户，并快速配之以不同的贷款额度和费率。为此飞贷开发出了一整套的风控核心决策系统，通过这一系统并结合“规则引擎”“建模工具”“评分分级”等技术，部署和运营“贷款申请策略”“额度优选策略”“风险定价策略”……这套系统就像一个“超级计算器”一样，通过飞贷设定的规则调用“大数据神算平台”收集整合的大数据，并进行分析、运算和判断，为客户配置量身定做的贷款产品。而“智能化反欺诈系统”借助“人脸识别”“设备指纹”“行为特征分析”等一系列前沿技术，结合专业反欺诈系统部署和运营一整套规则体系，对欺诈细微特征进行甄别，自动识别欺诈行为，并加以快速而又准确的拦截，让欺诈在互联网这个虚拟世界里也无所遁形。飞贷金融在举行首次产品发布会时曾获得世界排名第一的美国沃顿商学院管理学教授拉斐尔·阿密特的赞赏，并成为首个入选美国沃顿商学院全球教学案例的中国金融创新品牌。

实践证明，用系统解决复杂的模型问题，呈现给用户的界面永远最简单、最方便，这种简约思维就是一种创新，并产生极大的市场价值。

如何运用简约思维，提供人性化的产品、服务，我们可以引用 First 法则，从这几个方面进行思考设计：

（1）Fresh：新鲜的；

（2）Interesting：有趣的；

（3）Relevant：相关的；

(4) Simple：简单的；

(5) Timeless：永久的。

这是一个“信息爆炸”的时代，也是一个“注意力稀缺”的时代。如何在无穷无尽的“海量”信息中获取人们有限的注意力，这就要求你的创意要新鲜、有趣，能吸引人的眼球，并且在了解之后又能一击即中，与人们相关联，最好做到获取简便、内容简洁、传播简单，并能在他们心中产生长久的影响。

简约思维需要你动情，用你的敏感度和洞察力去了解用户，并打动他们；简约思维需要你学会倾听，能够了解用户的感受、需求和动机。“人们在期待被满足或实际远超期待时就会开心。”①

《量子物理史话》作者曹天元也是如此，为了让大家了解物理的发展历程，将物理史以故事化的方式叙述，但是其中难免涉及一些物理公式，为了让读者不受困于公式，在文中特别提醒读者：“就算列出公式，也不强求各位看客理解其数学含义。唯有 $E=h\upsilon$ ，笔者觉得还是有必要清楚它的含义。最后宣布一个好消息，除此之外，读者在后面的旅途中如果对任何其他公式有不良反应，简单地跳过它们就是，这对于故事的整体影响不大。”②

将人性化融入自己的产品、服务之中，则需要做到画面简洁、内容简短、使用简便、传播简易。

（1）画面简洁。简洁的画面往往能给人们带来更好的使用体验，人

---

① ［美］乔什·威尔特曼：《一切都与广告有关：成功吸引顾客购买的秘密》，汤珑译，中信出版集团 2017 年版，第 1 页。

② 曹天元：《上帝掷骰子吗？量子物理史话》，北京联合出版公司 2013 年版，第 61 页。

们对于信息的处理、记忆、学习能力是有限度的，“界面中的各种小细节会增加用户的负担，会像高速公路上的减速带或坑坑洼洼一样降低用户的效率”。① 而简约思维的运用，能够让人们有更好的网络浏览体验。合作银行(The Co-operative Bank)邀请查理·凯迪克帮助提高网站主页点击量，而他做的就是减少访客的负担，简化布局，让人们能够分清哪些重要哪些不重要，减少了广告，让访客不被干扰分心，删除了没人看的文字，将整体布局设计得主次分明。这样一来，无关因素减少了，用户能够在网页上快速地寻找到自己需要的服务，并且不被干扰，主页的点击量因此明显提高，进而增加了填写申请表单的人数。“我的知乎 2017”年度总结也是如此，加入了太多的交互元素，内容不够新颖，最终反响平平。反之，网易云音乐的年度听歌报告设计简洁，能够一下就抓住内容重点，刷屏各类用户的朋友圈。

(2)内容简短。简短的内容，能够让使用者减轻阅读负担，同时更快抓住信息主体。理查德·兰哈姆在 *Revising Prose* 这本书中，针对如何把长篇大论精简为短小句子给出了具体的指导方法。

①不使用介词(“对于/根据/为了/基于/通过/关于”)。这些词会弱化句子的谓语，因此要尽量省略。

②不使用 is 的动词形式(“正在消耗时间”)，尽你所能使用其他表述方式(“花时间”)。

③被动句式(“时间是这个项目所需要的”)转换为主动句式(“这个项目需要时间”)。

④删掉索然无味的开头(“大家都很容易看到这一点……”)，开门

---

① ［英］科尔伯恩：《简约至上：交互式设计四策略》，李松峰、秦绪文译，人民邮电出版社 2011 年版，第 84 页。

见山。

⑤减少废话。在表达相同意思的前提下，用“每天”代替“在每天的基础上”。

这样简短的表述方法，能让文字变得简洁、清晰，让读者在最短的时间内获取最有效的信息。例如，DDB 公司在英国为大众汽车设计的广告就展示了应该剔除多少东西。“我们的 BlueMotion 系列汽车集轻型的材质、增强的空气动力、节能的引擎及耐磨的轮胎于一身，节油减税，为你省钱。”这则广告清晰地传递了“BlueMotion 为你省钱”的核心思想，能够让人马上记住。而且，加上了这个创意，引起用户关注后，对于有更多了解需求的客户，还能了解关于汽车的更多性能，为不同需求的用户提供了不同的选择。

（3）使用简便。简便的使用方法，带给人们生活更多便利，省时省力省心。例如，微信支付后的抽红包环节，提供了两个选项，点击或者摇一摇。摇一摇的设计，就足够简约，当手机跳转到这个抽奖界面后，用户只需要做一个简单的动作，即可参与进来。不能为了简约而让使用变得不便，有些酒店的洗手池为了使视觉效果简约，将放水的设计融入整体之中，有的是直接向下摁，有的需要旋转，有的隐藏在水管的后面，这样新顾客每次都需要寻找一番，甚至有的寻找未果需要询问前台，这样居住体验就大打折扣了。

（4）传播简易。简易的传播方式，更能满足消费者的情感分享诉求，同时还能为品牌注入更多新鲜的用户。不久前，人民日报的“换脸P 图”系列刷屏朋友圈，用户只需上传自己的照片即可换脸，同时能直接选择保存照片，快速完成朋友圈的分享，有趣的内容+简易的分享方式，引来众多用户的追捧，刷爆朋友圈。再如，淘宝手机客户端选择分享后，会自动复制“淘口令”，跳出 APP 选择界面，选择微信后，可直接在你选中的对话框中粘贴即完成分享，对方复制该口令，打开淘宝可直接跳转，对于传播者和接受者而言都非常方便。反观电脑网页端，分享端口少，仅有微博，如果选择微信，就需要你在浏览器中复制网页链接，再打开微信，找到自己想分享的人或群组，选择粘贴后才可分享，对于接收者而言也需要在浏览器中粘贴，再跳转到淘宝，才可看到相应的内容，所以用户更喜欢用手机客户端来分享。甚至有一些软件想要分享还需要注册，输入手机号、验证码，填写一系列问题。这样很多用户会在中途放弃分享传播，当然企业之所以选择复杂的分享方式是希望掌握更多的用户资料，这就需要企业在用户资料以及传播规模的取舍中把握得当。

追求简单是人的天性。我们也要更好地了解人的真实动机，了解人性的需求，永远多想一步，原来生活可以如此简单，原来“生活可以更美的”！

“沟通贵简，卓尔不凡”

“言不在多，达意则灵。”“善辩者寡言。”中国自古以来对于语言的艺术追求都在于精简，而不在于冗长，小材可以大用，微言可以大义。

美国反抗英国殖民者革命家帕特里克·亨利“不自由毋宁死”(Give me liberty or give me death)这句话激励了几代美国人的斗志，誓要推翻外力，最终建立了美利坚合众国。1793 年，乔治·华盛顿总统的就职演说，仅仅只有 135 个词。1863 年，林肯总统的葛底斯堡演说从上台到下台不到 3 分钟，仅仅 10 个句子不到 300 词，却赢得了 15000 名听众经久不息的掌声，声震寰宇。1984，法国新任总统洛朗·法比尤斯的演说只有两句话："新政府的任务是国家现代化，团结法国人民。为此要求大家保持平静和表现出决心，谢谢大家。"

这些演讲语句不多，却饱含着他们对未来的规划与希望；这些演讲的词藻不华丽，却饱含着他们对人民对国家真挚的情感。简单意味着自然，简单更容易被人理解，更容易打动人心，简单创造了更大的想象空间。

联合国大会上，每年的发言者会为弱势群体发声，会呼吁大家关注各类社会问题，号召大家的全情关注。如果留心观察，你会发现他们的表述非常简单，没有复杂的逻辑，过度的伪装，花哨的修饰，就是真实、自然的故事加上直白的表达，真实的感受。

著名人际关系学家戴尔·卡耐基提出的成功十大法则的前两条法则就是对上述例子最好的论证。

法则一："简明性：不需要查字典才懂的词。"①

法则二："简洁性：使用短句。"②

运用通俗易懂的词汇，简短的文字内容，往往能使沟通的效率更高，效果更好。然而现在，我们生活在媒体与互联网高速发展的时代，我们身处的世界变得越来越丰富，越来越复杂。每一本书、每一则新闻、每一张报纸、每一个视频都在制造、传播大量的信息，成为信息大爆炸时代的碎片。当我们在信息高速公路上奔驰的时候，我们被围困着，身边、眼前的风景都已只有大概的轮廓，耳边的声音只有模糊的回音。

人们总想表达更多，不想放弃任何一点机会，总想全部说完，然而信

---

① ［美］戴尔·卡耐基：《演讲的艺术》，王林译，北京燕山出版社 2015 年版，第 8 页。

② ［美］戴尔·卡耐基：《演讲的艺术》，王林译，北京燕山出版社 2015 年版，第 10 页。

息一旦太长，内容过于繁杂，人们就可能产生抵触情绪。聪明的人总会激发他人主动挖掘信息的欲望，这样大家反而有兴趣了解得更多。

正如美国作家海明威在其《死在午后》一书中提到的“冰山原则”一般：作者在写作中只应该描写“冰山”露出水面的一部分，而在水下的大部分可以通过文本的提示让读者发挥充分的想象。有时简短的话语背后，能够让人回味无穷。正如外交部部长王毅在被问到中日关系时，王毅部长如是回答：“我们当然愿意同日本改善关系，但是日本需要先治好自己的心病。”每一次王毅部长的回答都言简意赅，直击问题核心，并且意味深长。

正是因为人们对于冗长的东西易有抵触心理，所以TED演讲的时长被限定为18分钟，这样也可以“促使演讲者思考自己真正想要表达些什么，有哪些要点。有18分钟的时间限制，演讲者的想法会变得更清晰”。① 2011年3月，戴维·克里斯蒂安发表TED演讲，用了17分钟40秒讲述了宇宙的历史。而这是从他课时为48节，每节课时长为30分钟，涉及时间轴从130亿年前的宇宙大爆炸到今天的“宏观历史”课程中浓缩提炼而成，他在合理的时间内讲述了最为重要的内容。

简单、简洁、简短的方式并不意味着你没有办法讲清楚一个问题，表达出你的态度。爱因斯坦曾说过：如果你不能用简单的话把问题解释清楚，说明你还没有真正理解这个问题。

弗兰克提出，在沟通中，必须牢记“三K原则”②：

---

① ［美］卡迈恩·加洛：《像TED一样演讲》，刘迎译，中信出版社2015年版，第182页。

② ［美］弗兰克：《如何在30秒内说出关键点》，黄蔚译，中国青年出版社2016年版，第71页。

(1)吸引(catch)听众;

(2)维持(keep)听众的兴趣;

(3)说服(convince)听众;

而当你的言语冗长，或者失去了重点，“短短几秒钟内，你就可能失去吸引力”。① 所以，当沟通中失去了“简”，便很难做到能够吸引听众并维持听众的兴趣，又何谈说服听众。我们可以从以下几点来精练自己的话语:

(1)目的明确，把握重点

把握重点，也就是把握了全部。没有重点不仅会带来思维上的混乱，而且往往使人产生审美疲劳。比如遇到一个非常重要的客户时，他着急参与某项会议，那么我们可能只有在他乘坐电梯的30秒内阐述自己的方案，如何将几十页甚至上百页PPT的提案浓缩到30秒，并成功打动对方呢? 这就是著名的电梯法则。

“很多人并不完全知道自己在生活中想要达到什么目标，因此你经常听到很多毫无意义的讲话。”②法国作家哈伯特说过:“对于一艘盲目航行的船来说，所有的方向都是逆风。”简单来源于清晰的目标和对重点的把握。

(2)删减不必要的内容

简化不是无节制的删减，不能为了简化而改变了核心主旨，迷失航向丢掉了重点。

美国作家理查德·哈丁·戴维斯的小说中每一个词都是经过严格筛选

---

① [美]凯文·霍根、詹姆斯·斯皮克曼:《场景说服的艺术》，成静译，新世界出版社2016年版，第109页。

② [美]尼古劳斯·B. 恩克尔曼:《首先，要学会说话》，杨丽译，北京大学出版社2008年版，第92页。

反复推敲才确定下来的，不仅是单词，还有段落、章节，甚至是整个故事。他会逐一删除那些既不容易在脑海中浮现，又不影响情节的细节。每当删掉一处，他都会问自己："原来的场景仍完整吗？"要是有缺憾，他就会恢复，就这样反复增删修改，直到读者阅读起来简洁清晰而又完整巧妙为止，这也是他的作品备受人们喜爱的原因。

话不在多，"而在于寻找恰好合适的那块语言拼图，准确地契合你想填补的空缺"。①

(3)积累阅读量，感受文字的魅力

不同的词汇，会给你带来不一样的感受。阅读量的积累能够让你在沟通中迅速地调取材料与人交流，论证自己的想法。对于词汇的积累，能够让自己的用字更加准确。

马克·吐温在年轻的时候只身一人从密苏里州游历到内华达州，乘坐的公共马车计算携带的行李都是以盎司为单位的，因为多一分重量，就多一分危险。在载重量十分有限时，马克·吐温仍想方设法带上一部《韦伯斯特大词典》，陪伴着他穿山越岭、穿行沙漠。卡耐基在其书中写道："范妮·赫斯特曾告诉我，她有时写句子要修改五十到一百次，结果有一句话修改了一百零一次。"②

正是因为日积月累，马克·吐温的演讲才能字字珠玑，其作品才流传至今；正是因为对每一词汇的推敲，出版商才会纷纷登门向范妮·赫斯特求稿。

---

① ［美］弗兰克·伦茨：《说话的力量：有效说服他人的策略和技巧》，王晓鹏译，中信出版社 2017 年版，第 11 页。

② ［美］戴尔·卡耐基：《演讲的艺术》，王林译，北京燕山出版社 2015 年版，第 270 页。

在现实生活中，我们沟通交流会因为身份、环境、伦理等各类因素而发生改变，但无论在哪种状况下，将“简”运用于沟通之中往往能受益良多。

正如温斯顿·丘吉尔所说的：总体而言，话短为妙，而老话最妙。短短几字蕴含着大智慧，寥寥数语可以回味无穷，而这些传承至今的老话更是简单易懂，揭示着人生真谛，卓尔不凡。1948年，丘吉尔应邀在牛津大学作一个主题为“成功秘诀”的专题讲座，这个演讲极为简短却寓意深刻，“我的成功秘诀有三个：第一是，决不放弃；第二是，决不、决不放弃；第三是，决不、决不、决不能放弃！我的演讲结束了”。

清代学者刘大櫆在《论文偶记》中说：“文贵简。凡文笔老则简，辞切则简，理当则简，味淡则简，意真则简，气蕴则简，品贵则简。”著名作家郁达夫就深知文贵短的真谛，他有一次演讲，一上台就在黑板上写了“快短命”三个字。台下的听众面面相觑、迷惑不解，郁达夫接着说：“我今天要讲的题目是《文艺创作的基本概念》，这三个字就是要诀。‘快’就是痛快，‘短’就是简明扼要，‘命’就是不要离命题。演讲和作文一样，不可以说得天花乱坠、离题万里。完了。”演讲时间前后不到两分钟，这就是郁达夫针对写作和演讲提出的“快短命原则”。

“一挥而切中肯綮，一语而击中要害，一笔而入木三分。”国学大师、楚辞研究专家文怀沙先生十分讲究观点的提炼，他写过一篇《文子三十三字箴言》的短文，全文仅三个字——“正清和”，注解却有三十来个字：“孔子尚正气，老子尚清气，释迦尚和气。东方大道其在贯通并弘扬斯三气也。”大师把中国古代文化的精髓浓缩在这三十来个字中，不仅可见大师的文化功力，更可窥见他提炼文字的绝高水平。

乔布斯：简约缔造传奇

“大道至简，至繁归于至简。”这是缔造苹果公司的传奇人物史蒂夫·乔布斯的信仰，正是因为他将简约思维在创新中运用和演绎到极致，才创造了一个又一个传奇。

《史蒂夫·乔布斯传》的作者沃尔特·艾萨克森在前言中这么形容乔布斯和苹果公司：“在全世界都在努力建设创造性的数字时代经济时，乔布斯成了创造力、想象力及持续创新的终极标志。他的个性、激情与他的产品之间是相互关联的，就好像苹果的硬件和软件一样，成为整体系统的一部分。”而这里贯穿乔布斯与苹果公司灵魂中的创新精神，就有着“简约思维”。

乔布斯曾经说过这么一句话：“简洁可能比复杂更难做到。你必须努力理清思路，才能让事物变得简洁。但这么做总归是有价值的，一旦做到了简洁，你将无所不能。”而苹果公司在这种简约思维的引领下，缔造了一代传奇故事。

谈到苹果，我们先从品牌起始的名称谈起。苹果不仅仅只是将简约停留在品牌的命名之上，更是在每个产品的命名中注入了简约思维。对于产品的命名要做到简洁可以说是简约思维的巨大考验，因为它既要体现产品特色、功能性，同时又要与别类型的品牌区别开，让人能够马上记住你，关键是还要展示品牌的文化内涵，注入个性。

乔布斯在命名时，提出了一些命名的原则：人们要知道这是一台电脑，所以要有“Mac”这个词，这是台电脑功能完备的台式机，所以不能让人听起来感觉像是玩具，也不要让它听起来像手提电脑。最后

“iMac”成为了最终选择，这个名称的创意人肯·西格尔给出的理由是：“iMac”不仅简洁、容易记忆，“i”还能代表其他东西——它和互联网(Internet)有明显的关联，能代表“独特(individual)”和“想象力(imagination)”。乔布斯很赞赏单个字母的力量，从此以后，“iPod”“iPhone”“iPad”等系列产品相继问世，“i”成为了苹果产品的重要组成部分。

在产品的选择上也很精简，例如 iPad，就只有 iPad，iPad mini 以及 iPad Pro 系列；笔记本电脑也是如此，MacBook，MacBook Air 和 MacBook Pro；手机就是每年推出的 iPhone 系列，后面的数字在不断更新，如 iPhone 8，iPhone 8 plus。iPhone 简洁的命名让人很容易辨别产品，同时每款的命名也体现了不同产品的功能属性，例如后缀 pro，是 professional 的缩写，代表了更专业的功能，air 更轻薄，mini 更小，都更便于携带，plus 代表更大的屏幕。用电脑来做例子，如果你想要购入一台笔记本电脑，点入苹果官网，你只需要根据你的使用需求，从 MacBook，MacBook Air 和 MacBook Pro 三款机型选择，之后再选择你理想的尺寸、颜色、处理速度、内存大小即可，苹果网站甚至贴心地为你列出不同机型的对比表格。然而某些品牌的选择可能有十几款甚至更多，他们的理由可能是为了让消费者有选择的余地，可往往会让消费者不知如何选择，苹果可以说是更人性化地帮助消费者进行选择，为消费者提供了简洁的购物体验。

在产品设计方面，每一款苹果产品的诞生，都在不断刷新人们对于“简约”的定义。当人们对滑盖手机、全键盘手机惊叹不已的时候，苹果推出了屏幕上仅有一个按键的 iPhone，一键即可返回桌面，当初有人提出三个按键能让用户更快地使用重要功能，但苹果最终采用了一个按键，因为“3”比“1”多。而现在的 iPhone X 做到了无按键全屏设计，毕竟“0”比“1”更加简洁。苹果的产品外观也是如此，线条流畅，简洁有力，方中带圆，刚柔并济，纯色的磨砂质感的金属外表，再加上有标志性的苹果 logo。 ios 系统的设计也十分简洁，采用了和苹果外观一致的方中带圆的应用图标设计，在最后的图标设计中去掉了高光、阴影、反射，这些小的细节都给消费者带来了极好的视觉体验。

苹果系列的产品也并不是都一帆风顺，好评如潮。 曾经和 iMac G3 同时发布的 hockey puck 鼠标问世，就一度被用户否定。 这款圆形的鼠标体积小，不符合人体力学工作原理，在使用时还经常出现上下颠倒的状况，甚至要费力地找到按键的位置，用户体验非常不佳，所以引发了很多类似“苹果痴迷外观，忽略功能”的评论。 乔布斯非常清楚苹果的失误，马上开始研发替代品，一年多的时间内马上又推出了 Pro Mouse，改善了小鼠标的操作性能，而且更符合人体力学工作原理，支持整个鼠标多键点击功能，甚至还能在夜晚提供荧光照明。

Mac OS 9 操作系统也曾经差点陷入不简洁的漩涡之中，在它面市之前，乔布斯在开会时，提出不想像往常一样收取 99 美元的升级费用，想用“赠送”代替“收费”。 赠送所产生的费用需要由广告赞助补上，这意味着在系统启动时用户会看到 60 秒的广告，广告还会定时更新，在操作系统密切相关的地方也会植入广告，例如显示“墨粉量低”时，你会看到相应商品的推荐。 但是最终乔布斯还是拒绝了这一诱惑，选择了既往的“简约思维”。

“简洁”不会在老问题上纠缠不清，它更喜欢向前看。 乔布斯曾经在一次接受采访时说道：“在创新的过程中，你有时会犯错。 最好尽快承认错误，然后继续改进其他发明。”

好的产品也需要好的团队来打造，“‘精英小团队’和‘简洁’的原则紧密交织在一起”。① 小的团队更有专注力、更有效率、更容易激发人的创造力。乔布斯在公司制定了一个规则，Mac 团队不能超过 100 人，如果要往里面增加人，那么必须要有人离开。他自己解释说，因为他最多只能记住 100 个人的名字，并希望和自己了解的人一起工作，如果增加了人，那么就必须改变组织的架构，他无法用那种方式来工作，他必须了解团队里的所有事。小的团队你可以直接与每个人沟通，而人数多了起来后，一切有了流程之后，沟通的时间和成本也随之增加，反而会让事情的进展变慢。

在团队的会议中，每一家公司当然都希望减少不必要的会议，在有必要的会议中能够有效率地出心仪的结果。但是在真正的执行中，往往有些企业会因为项目的重要，希望有更多人加入并提供想法观点。但这些“人口过剩”的会议，往往会使主要参与者失去发言机会，或者团队内部的头脑风暴无法有效开展，需要顾虑更多人。乔布斯对公司的会议要求是，希望每一个与会人员都是这个会议至关重要的参与者，如果有“观众”，乔布斯甚至会“请”他们离开。肯·西格尔曾经是苹果公司的创意总监，总结出了这样一个关于“小团队”的公式：工作质量与参与人数成反比。

乔布斯对于“简洁”的极致追求，也感染着团队。乔布斯对研发麦金塔电脑系统的工程师抱怨开机时间太长，工程师解释时，乔布斯打断他并演示，如果有 500 万人使用 Mac，而每天开机都要多用 10 秒钟，每年就要浪费大约 3 亿分钟，这相当于 100 个人的终身寿命。几周过后，电脑启动时间缩短了 28 秒。苹果早期的重要研发人员阿特金森这么评价乔布

---

① ［美］肯·西格尔：《疯狂的简洁》，王岑卉译，北京联合出版公司 2013 年版，第 25 页。

斯:“他不会在产品上作出妥协,他是个控制欲极强的完美主义者。如果哪个人不愿意把产品做到完美,那他就是笨蛋。”①

在1997年的苹果全球开发者大会上,乔布斯说过这么一段话:“人们认为‘聚焦’就是对自己需要重视的东西一路开绿灯,其实这大错特错了。‘聚焦’就等于拒绝成百上千个好点子。当然,你必须仔细挑选。实际上,我为自己目前为止所做的决定而骄傲,同时,也为我们有足够的勇气和智慧放弃多如牛毛的点子而骄傲,创新意味着放弃许多别的想法。”

为了简约,有时你需要放弃很多东西。真正的“简约”不会轻易得来,需要一个坚持原则的人,需要你能抵御复杂的诱惑,寻找复杂当中的规律,想要获得简洁,你就必须挖掘得足够深。

“删繁就简三秋树,领异标新二月花”

郑板桥书斋里曾挂着这样一副对联:“删繁就简三秋树,领异标新二月花。”上联说的是要去繁从简,以最简练的笔墨表现最丰富的内容,就像深秋的树木一样,枯枝败叶一扫而尽,突出主干,以少胜多;下联主张要“自出手眼,自树脊骨”,不可跟风气,随大流,要自辟新路,就如二月花一般,一花先开而后引百花开放。既要删繁就简,又要领异标新。

我们生活的世界似乎是个复杂的地方,“在消费者因为每天从企业和媒体得到的产品、消息和信息感到茫然和迷惑的时代,复杂性带来的危害

① [美] 沃尔特·艾萨克森:《史蒂夫·乔布斯传》,管延圻译,中信出版社2011年版,第129页。

是极大的”。① 复杂意味着分散精力，简单则意味着集中精力。

去掉复杂、去掉干扰，只留下最核心的东西，让人一目了然，就像原研哉说的：“创新并不是要让人惊诧它崭新的形式和素材，而应该让人惊异于它居然来自于看似平凡的生活。”诚如无印良品，虽然是无印记、无LOGO的品牌，但却是消费者心中最值得“买买买”的品牌，它在追求商品品质的同时，追求的是最单纯却最不容易替代的“简单”。

14世纪，英格兰逻辑学家奥卡姆·威廉提出了著名的奥卡姆剃刀定律(Occam's Razor)，这个原理讲的是“如无必要，勿增实体”(Entities should not be multiplied unnecessarily)，他告诫人们“切勿浪费较多东西去做，用较少的东西，同样可以做好事情的”。

但有时，复杂很吸引人，因为它似乎更花哨，更全面，更能吸引人的注意，能满足更多不同用户的更丰富的需求。技术专栏作家大卫·波格把人们喜欢复杂产品的现象称为“夸耀效用原理”：人们喜欢自己被包围在不必要的功能中。但其实，人类更倾向于追求简单的方式。

试想一下，为什么现在智能家居系统有一键式操作呢？当你回到家时，你需要的灯就会亮起，根据温度空调会自动开始运作，热水器的水开始加热；睡觉之前，家里的灯就会关掉，不用了的设备就会停止运行，窗帘自动拉上。这就是因为人们喜欢简单、省心的操作。

汉字其实就是人们不喜欢复杂、喜欢简单的最好验证。从诞生之初，它就是“活着”的字，虽然甲骨文只是商代后期到西周早期的阶段性俗体文字，但为了方便记忆和传播，它的简化趋势仍然十分明显。“改变

① ［美］戴夫·柯本、特蕾莎·布朗、瓦莱丽·普里查德：《互联网新思维：未来十年的企业变形计》，钱峰译，中国人民大学出版社2014年版，第54页。

了早期文字画成其物，随体诘屈的特点，逐渐向真正需要特别记认的符号文字演变，从而使文字字形趋于规整、稳定。”①1954年，中国文字改革委员会成立，进一步简化汉字，到现在，横、竖、撇、捺、点，组成了将近十万个汉字，形、音、意的结合，让汉字好认、好读、好记。“我国汉字简化是删繁就简的结果，是简约思想的体现。”②

丰田的生产系统“精益生产”也运用了简约思维，它意味着用更少的空间，更少的人，更少的时间，更少的机械，更少的材料做更多工作来满足客户需求。虽然减少了很多，但并没有损害团队人员的利益，团队成员参与、付出得越多，获得的奖励也越多，形成了很好的良性循环。传统的思维模式是“能做多少做多少，能做多快做多快”；在丰田的精益模型中则是“只做顾客需要的”。每个企业的资源都是宝贵、有限的，为了占据市场一席之地，获得强大的竞争优势，需要集中资源做最有效的事情。

简约思维就是在做减法，减去那些用不到的。就某种意义而言，整个科学体系都是建立在“删繁就简”之上的，人们在生活中需要运用更好的计算方法来统计、交易，从而诞生了数学；地球千变万化，宇宙星辰、风雷雨电，各种生命、各类物质，人们想要掌握了解，以便于自己的生活，基于此诞生了物理学、化学、生物学；人们希望对人类复杂的行为、思考方式作出规律性的总结，从而诞生了心理学……结合了混沌与复杂，宇宙最后成为了极有序的地方。美国物理学家莫瑞·格尔曼说过：我们在周遭世界——甚至在生命世界中——所见到的复杂行为只是“从深奥的简洁中所浮现出的复杂表象”。所以我们要做的就是拨开遮在我们眼前的复杂表象，去窥视其中深奥的简洁。

---

① 范子靖：《汉字简化之旅》，上海锦绣文章出版社2016年版，第42页。

② 刘道玉：《创造思维方法训练》，武汉大学出版社2009年版，第117页。

“删繁就简”需要我们有懂得取舍的智慧，但如果想要做到“领异标新”，更需要我们有独树一帜的智慧。这就要求我们简化得当，且打动人心。

有时为了追求简化而删去太多东西，将简化推向了极端，过于简化，会导致使用价值被忽视，从而没有办法满足使用者的需求。比如有人为了做一份所谓“优质的 PPT”，想要简短的内容，简洁的版面，而留白过多，让人无法能捕捉到重要的信息。

还有另外一种情况就是，没有经过思考就删除东西，从而得到“过于简单”的后果，失去了内涵和价值，后果是让人放弃这项选择。例如对相机的需求，有些用户希望一键能够拍出好的照片，但这并不意味着牺牲照片质量，简单地删除别的按键和调整选项，而是应该做到即使删掉这些，也能保证用户拍到最好的照片。

这就要求你简化得当，在保证简单方法的基础上，同时也要保证好的用户体验。当类似“美图秀秀”“美颜相机”“天天 P 图”等各类修图类 APP 在市场竞争时，大家都在致力于如何提供更好的修图体验，从最初的磨皮、美颜发展到更为细致的美妆，基于简约思维有了一键式美颜。但这时“无他相机”另辟蹊径，提出“拍好不用 P”的口号，从事后美颜到事中美颜，能够事先根据自身的五官定制自己的各类美颜需求，在拍照中就显示修图后的效果，省去了每次拍完图后的修图时间。

遥控器的发展史也给我们带来了如何做到“领异标新”的启示，1950 年，Zenith 公司推出了第一款遥控器，人们终于不用去电视上操控，在沙发上就能换台了。1955 年，第一款无线遥控器诞生，只有四个按键，可以打开、关闭电视，调整声音大小、换台。那个时期的人们，在为遥控器的“距离”而竞争。随着频道增多，遥控器上慢慢出现了众多数字按键，还有录像、快进等功能按键，似乎按键的增多能更便利人们的选择，人们在为遥控器的“按键数量”做斗争，按键越多越高级。随着技术的突破，语音遥控器、体感遥控器、鼠标遥控器相继出现，这时按键数量变少了，遥控器的“附加属性”开始凸显。而现在，手机遥控器已经成熟，在手机上就能方便地控制电视，甚至达到电视与手机屏幕的共享。

从上述遥控器的变化中不难发现，从缩短距离，到增加按键选择，到增加遥控器附属功能，再到遥控器与手机结合，每一次的简化方式，都是一次领异标新的思维突破，这需要我们有创新精神，去发掘用户生活中觉得不便的地方，并通过技术、创新思维去改变。

一位工程师总结：“工程师，就是让复杂的事情简单化。”学会如何把复杂的问题回归到简单，回归到事物最质朴的状态，才是真正的聪明，才是真正的近于道。hao123 网站的创始人李兴平做的就是简单的事情，hao123 网址导航无非是简单的几个 html 页面，给别的网站做成一些链接导航，却帮助了很多刚刚接触网络以及使用网络有限的初级网民，从而获得了巨大的成功，最后被百度收购。hao123 网址导航其实非常简单，简单到一个初中生都能做出来，但是令很多大的门户站都望尘莫及，这就是大道至简。

其实，有时候你以为你不需要那种简便，只是你还没有尝试，生活可以如此简便；你以为很方便了，只是你的想法还不够大胆，生活可以更加简便。

有时候，越简单，越不简单！正如著名画家毕加索所说：“简单是极致的复杂。”古今中外，大道至简。简约，是一种美的感受；简约思维，是一种实践的智慧。

第八章　水平思维与创新

从垂直思维到水平思维：创新的思维路径

“事不凝滞，理贵变通。”唯有“变”，方能“通”，变则通，通则久。爱因斯坦曾说过：“同一思维层次解决不了同一思维层次产生的问题。”从垂直方向转向水平方向，就是跨越了不同的思维层次，跳脱固有的思维枷锁，找到新的解决问题的方法。

垂直思维是一种常有的惯性思维，而水平思维则是另辟蹊径；跨越垂直思维的水平思维，是一种创新的思维路径，又是超越既有现实的颠覆性思维。

爱德华·德·波诺与水平思维

“引导我们进入未来思维的列车已经驶出站台，一些勇敢的人在这辆车上。爱德华·德·波诺博士当然是其中之一……”诺贝尔奖获得者、物理学家伊瓦·吉埃佛所提及的爱德华·德·波诺博士就是水平思维的提出者，其第一部著作是《水平思维的运用》(1967年)。这本书提出了创造力在不可思议的瞬间发生的情况，他以水平思维为契机，使我们的思维向新观点敞开，并为这种方法赋予了与逻辑思维相同的真实性。“水平思维”一词因此被收入了《牛津英语词典》。

《牛津英语词典》对水平思维的解释是：解决问题的方法，以异乎寻常或表面上不合逻辑的方法思考。

1967年，爱德华·德·波诺博士在人类思维方式上发动了一场革命，他引领人们打破常规的思考方式，开始尝试用不同的视角看问题，同时提出了再创造的思维训练方式。德·波诺博士因开发出用于训练创新思维的“水平思考”方法而被誉为“创新思维之父”，还被欧洲创新协会列为历史上对人类贡献最大的250人之一。

水平思维不仅仅是停留在书本上的文字，德·波诺博士也将思维风暴带入到实践中。在20世纪60年代末期，水平思维被“标新立异会”(Alternative Society)采用后，各行业的大型企业也纷纷学习采用，时任剑桥指导老师的德·波诺开始了他的全球之旅，每年行程25万英里，与雀巢、电通、IBM、西门子和Prudential等公司交流并做创新培训，他还与一家公司签订了在全球范围内雇佣900多名项目培训人员的许可合同，全球范围内越来越多人加入了这场思维风暴，并且认识到水平思维对于创新的重要意义。

对于思维的创新，中西方有着异曲同工的巧妙之处。“山重水复疑无路，柳暗花明又一村”是宋代诗人陆游的作品《游山西村》中的一句诗，这句诗比喻在遇到困难无法解决时，换一种思维方法去思考。跳脱原有的思维方式，换一种方法和路径，这恰恰也是水平思维的奥秘所在。可见中西方的智慧如出一辙，德·波诺博士在其书中讲述了这样一个故事来帮助读者理解水平思维，我们一起来看这则故事，初探水平思维的奥妙。

很多年前，英国有这样一个规定：一个人如果借了钱无法偿还，将被关进监狱。一位伦敦商人因经营不善欠高利贷者一大笔钱，最终无力偿还。

放债者是个丑陋的老头，对商人的女儿爱慕已久，此次想趁机占有商人年轻漂亮的女儿，他提出：只要商人将女儿嫁给他，债款一笔勾销，否则商人将被送进监狱。

商人和他的女儿都不愿意，可又无力偿还债款。于是债主对商人女儿说："让老天来决定这件事，我会在钱袋里放入一颗黑鹅卵石，一颗白色鹅卵石，如果选择黑色，那么你必须嫁给我；如果选中白色，那么债务一笔勾销；如果拒绝，你的父亲将会进监狱。"

父女俩没有办法，只能接受这个选择。他们所在的地方是由黑白两色鹅卵石铺成的小路，在他们说话的时候，细心的姑娘发现放债者非常狡猾，装进钱袋子里的鹅卵石全是黑色的。还没等姑娘反应过来，放债者便要求她从中挑选一颗决定父女两人命运的鹅卵石。

如果你是那个姑娘，你会如何应对？仔细分析一下，你的答案是这三种之一吗？

(1)拒绝作出选择，但是这样的话父亲就会被关进监狱。

(2)出于无奈，拿出一块黑色鹅卵石，嫁给那个又老又丑的放债者，为父亲免除债务。

(3)拿出两块都是黑色的鹅卵石，当面揭穿放债者的骗局，但可能面临不好的结果。

从以上这三种结果来看，这对父女似乎不会拥有美好的结局，如果你得出的答案是这三类之一，那么你的思考方式就是典型的垂直思考方式。垂直思考者通常会把注意力集中在这个钱袋里的鹅卵石如何挑选，在这样的基础之上，如何能带来尽量好的结果。故事的结局是这位姑娘运用了水平思维，其后续是这样的：

姑娘从钱袋里掏出了一块鹅卵石，但是在大家还没看清的时候，她一失手将鹅卵石掉在了地上，在场没有任何人看到了石头是什么颜色。由于地上黑色白色鹅卵石很多，所以大家也分不清哪个是她刚才掉落的。

少女非常惭愧懊恼地对放债者说："我真是太不小心了，不过没事，您看一下钱袋里剩下的是哪个颜色的，就知道我刚才选择的是哪一种颜色的鹅卵石了。"后面的结果就显而易见了，在众人的关注下，放债者只能拿出钱袋里的黑色鹅卵石，他也不能说出自己之前使用的小伎俩，只能把苦水咽进肚子里。

这就是水平思考的方式，它与我们平常惯性思考的逻辑方式不同，水平思考者会从各种不同的角度来思考同一件事，水平思维(Lateral Thinking)就是以非正统的方式或者非传统逻辑的方式，来寻求解决问题的办法。

德·波诺博士基于大脑工作方式的系统模式，将曾经"只可意会，不可言传"这种充满了神秘性的创造性过程去神秘化，清晰地展现出来，并且还指导大家如何在实践中去思考、去创造，从而取得最大的价值。

"虽然任何人都具有创意本能，但是根据管理与否，它可以被强化，也可以被削弱。"①有意识地锻炼自己的思维能力，可以让自己的水平思维更加灵活。在德·波诺博士的引领下，一场全新的思维革命就此开启，它帮助我们打开了思维的枷锁，让更多的新观点、新思想涤荡出一首精彩的交响乐曲，传唱至今！

从垂直思维到水平思维：创新的思维路径

"思考要遵循条理逻辑，做事情要循序渐进，执行要按部就班……"

① ［韩］金荣汉、金种沅：《跳出思维的坑》，申涛译，陕西师范大学出版总社有限公司2011年版，第19页。

多年以来，这些教育的话语一直在教人们如何有逻辑地思考，垂直思维在大多数人的思考方式中占据了重要的位置。“然而，难以捉摸的创意却从来不是逻辑思考的结果。”①

垂直思维扮演的角色往往都是得出了某一个路径后的前进执行者，因为在固有的逻辑中，你很难推陈出新，富有创新力；而水平思维恰恰就是创新的思维路径所在，能给之后践行此项事务的垂直思维提供方向性的路径指引。

垂直思考也就是我们常说的逻辑思考，通常人们会被鼓励去这么做，尽管有时它会让我们深陷思考的漩涡。人的大脑功能组织是一个优化的系统，它会帮助我们选择一种最容易的方式来得到答案，甚至会根据我们的过往经验和现实情况自动选择某种方式。由于我们生活的思考惯性，“垂直思考被选择的可能性要远远高于水平思考”。②

垂直思维，之所以如此称呼它，是因为它的思考状态是“人们从一种信息状态直接推进到另一种信息状态”。就如搭积木，你会精心设计积木的摆放，保证最底下那块积木的稳定，上面的每一块积木都稳定地贴合下面那块积木，这样就成了一个垂直稳定的建筑。而水平思考则不会这么去摆放积木，水平思考者会松散地去摆放，积木之间可能会存在着某种微弱的联系，也可能一点联系也没有，但是最后得到的积木形态可能会给你带来意想不到的惊喜。

德·波诺博士在其《水平思考法》一书中提出了运用水平思考的四条

---

① ［英］爱德华·德·波诺：《水平思考法》，冯杨译，山西人民出版社 2008 年版，前言第 1 页。

② ［英］爱德华·德·波诺：《水平思考》，卜煜婷译，化学工业出版社 2017 年版，第 10 页。

原则：摆脱固有观念的束缚；多角度多侧面地看待事物；不必要求每一步都正确；重视偶然事件的发生。不难发现水平思维总是不会被当前的各种条条框框所限制，会运用各类方法去分析观察事物，然后用最有希望的方法去处理；而垂直思维会对事物进行深入了解，配以合理分析观察，然后利用逻辑推理给出解决方案。两者之间，存在着一些明显的区别：

水平思维寻求改变，垂直思维选择最佳视角。水平思维是原创式思考，为了改变而改变，在水平思考中没有一劳永逸的最佳答案，总在寻找更好的答案。垂直思维则是选择性思考，它总是在试图判断，希望能够证明它的自洽及与其他观点之间的关系，以求一劳永逸地寻找到最佳的答案。面对寻找视角的情况，两者也会有不同的思路，垂直思维会是："这是看待问题的最佳视角。"而水平思维会是："我们来看一看有没有别的视角，换一个看问题的方式吧。"垂直思考者找到了最佳视角后，便会心无旁骛地去执行，直到达成目标。水平思考者却抑制自己寻找更好的视角，他们重视的是转变和发现的过程。

对于信息方面，水平思维是为了能够激发新观点而使用信息，而垂直思维是因为信息的使用价值而使用信息。水平思维是前进式的，关心信息能够带来什么激发性的灵感，垂直思维是后退式的，分析信息从哪来，是否能够得出论证，如果无效则抛弃。水平思维是在试图分析每一个信息中有哪些因素是可以激发新观点，拥有新用途的，即使这个信息不尽完美。垂直思维关注的是信息背后的来龙去脉，水平思维则关注信息前面的天马行空。

水平思维是跳跃式的，寻求打破连续性；垂直思维是循序渐进的，在于建立连续性。在垂直思维中经常听到的一句话是："一步一步来，看看中间有没有什么漏洞，小心一步错后面步步错。"似乎在提醒人们千万不要留有“一失足成千古恨”的遗憾。水平思维可以自由跳跃，可以畅所欲言，在这一跳之后，人们可能才会发现这背后的意义，而在最初，人们会觉得这是不符合常规的，不可能存在的，但打开了新的思路之后，这一跳的真意也就彰显。最常见的就是在科学探索领域当中，每一次新的理论、新的发现诞生之前，总会打破人们对于以往思维方式的认知，比如“日心说”，关于光的“微粒说”“波动说”之争以及“进化论”等。

水平思维是广泛性的，会考虑各种随机因素；垂直思维是局限性的，只考虑相关因素。因为垂直思维的谨慎小心，所以会充分分析相关因素，无关的一律不融入讨论行列之中。水平思维则欢迎各种类型的随机因素，期待用各种不同的因素来激发新思维。那些看似互不相关的事物，赋予其关联性，“或许接下来的某一个瞬间，就能够突然发现在过去连想都没想过、出乎意料的关系”。① 例如，法国物理学家查利·奥古斯丁·库仑就将纱线和自己的研究结合起来，去尝试各类机缘，尝试用外部随机因素来融入思考，即使毫不相关，也可能带来新的观点。而垂直思维会更加关注于自己研究本身的各种因素，是否还有哪个定律没有考虑进去，实验程序是否有误。

水平思维增加了获得最优结果的可能性，但因为“鼓励试错”可能也会导致一无所获；垂直思维会保证你有小的结果进度，即使它不是最优的，但也有所收获。很多人为了使工作更具可靠性，会选择垂直思维，但当你运用水平思维后，可能会得到一个“灵光一现”甚至是“光芒四射”的答案。实际上，这是一种权衡与选择，当你使用水平思维可能会进入柳暗花明之境，但当你始终无法斩获时，有些人会选择回到垂直思维

---

① ［韩］金荣汉、金种沅：《跳出思维的坑》，申涛译，陕西师范大学出版总社有限公司 2011 年版，第 33 页。

的模式中，保证能有一个答案。

由于水平思维的结果是开放式的，所以很多人会认为还是选择垂直思维更加明智。之所以有这种想法，是因为有些人对水平思维的本质还不够了解。水平思维是用以打破连续性获得新方向的，但不是说要一直打破连续性。如果能在重要的一点上改变方向，并获得灵感，沿此思路步步推进，大步向前，便能获得最佳体验和结果。拒绝水平思维等于认准一个方向前进，“不撞南墙不回头”，或者等到有很多人改变方向了，才在后知后觉中有所改变。

体会过水平思考带来的柳暗花明之感时，有些人会喜欢上这种思维方式，一味求变，不落实地。但实际上，这两种思考方式是可以“互相兼容”的。当你受垂直思考之困时，已经挖掘很深却仍然无法得出结果，不妨尝试水平思考的方式，说不定能给你带来新的惊喜，“在产生创意这方面，水平思考具有绝对的优势，甚至我们可以这么断定：新的创意来自于水平思考”①。

水平思维更能创造出新的观念，使用这种思维方法时要遵循以下几点原则：一是摆脱旧意识和旧经验，破除既有的思维定势，体现思维的“跳跃性”；二是找准“问题域”，并针对问题提出新的见解；三是抓住头脑中的“一闪念”，深入把握新观点。

在运用水平思维获得新方向时，还需运用垂直思维将其践行。“当问题的定义界定清楚了，解决问题的线索也就呼之欲出。”②仰望天空，还需脚踏实地。

---

① ［英］爱德华·德·波诺：《水平思考》，卜煜婷译，化学工业出版社2017年版，第9页。

② 周宏桥：《半面创新：实践者的创新制胜之道》，机械工业出版社2013年版，第285页。

六顶思考帽

提到爱德华·德·波诺博士，除了水平思维，还有他提出的经典的"六顶思考帽"思维训练模式。运用"六顶思考帽"，可使混乱的讨论思考变得更清晰有条理，不仅节约了团队讨论的时间成本，提高了效率，更使团队中的每个人更富有创造性。

"六顶思考帽的概念有两个目的：第一个目的是简化思维，让思考者只做一件事；第二个目的是让思考者可以自由变换思维形态。"①

如今，"六顶思考帽"已经在全球各地各类企业当中得到了广泛的应用，众多公司因此提高了员工工作效率，企业文化也有所改变，包括：美国国家航空航天局、西门子、IBM、杜邦、壳牌、英国石油、挪威国家石油和联邦快递等。跨国公司 ABB 集团过去要花 30 天时间完成的团队项目讨论，使用了这种方式后，仅仅用两天就达成目标。"六顶思考帽"将讨论思考过程分为六个不同的维度，每一个维度与一顶特定颜色的"思考帽"相对，全体戴上某种颜色的帽子后，思考者们在同一时间内做一件事情，帽子可以轻松摘戴，每个人都可以看到帽子的颜色。这样可以将讨论内容有效地划分，使对话主体更加清晰，同时使整个团队聚焦到某一类上，每个人都能对某一主体进行充分的谈论，这样更为高效更能深入挖掘。

帽子作为象征，它代表了一种立场，当你戴上某种颜色的帽子时，就代表你持有某种立场，但要注意，不能将某个人去用帽子进行描述和归

---

① ［英］爱德华·德·波诺：《六顶思考帽：如何简单而高效地思考》，马睿译，中信出版社 2016 年版，第 5 页。

类，例如“他是个黑帽人”，帽子不是用来归类人的，而是用来代表观点立场的。六顶思考帽思维方法是将思维分解开来，思考者一次只使用一种思维方式，而不是同时考虑很多因素，其最大价值是使思维成为一种活泼而有纪律的游戏，因此被视为最有效的会议管理工具。

六种颜色分别对应六种方向，为了方便记忆，我们可以将颜色的特质与帽子代表的方向相结合，分别是①：

蓝色：象征思维中的控制与组织（蓝色清爽，是高于一切天空的颜色）。

白色：象征客观、全面收集信息（白色是中立客观的颜色）。

红色：从感情、直觉感性地看问题（红色与愤怒、情绪有关）。

黄色：寻找事物的优点及光明面（黄色是阳光积极的）。

黑色：从事物的缺点、隐患看待问题（黑色是阴郁而严肃的）。

绿色：用创新思维考虑问题（绿色是草地、植物等代表生命力的颜色）。

六顶思考帽方法最突出的优势就是在小组讨论之中，个人思考也可以使用思考帽。“物有本末，事有始终，知其先后，则近道矣。”有着清晰的逻辑框架和思考的前后顺序，能够减少思考的混乱无序，同时能够让自己的思考更为全面，思考帽同样可以用于报告和其他交流之中。

（一）蓝色思考帽：对思考的思考

蓝色帽子如同一个乐队里的指挥，是控制之帽，它指挥其他思考帽的运用，是对思考的思考。

通常情况下，蓝色思考帽的典型使用者是会议的主持者，但在实际

---

① 参见［英］爱德华·德·波诺：《六顶思考帽：如何简单而高效地思考》，马睿译，中信出版社 2016 年版，第 18 页。

中，每一个人都可以在蓝色思考帽的指导下对思考过程提出建议。

在会议的开始使用蓝帽，可以对当前的形势有比较好的认识界定，列出其他思考帽的议程与顺序。在会议中，蓝帽还负责秩序的维持，确保人们戴着与当前议题相关的思考帽，还能如“摄影师”一般观察和记录正在发生的思考过程，如“地图绘制师”一般把握接下来的讨论议程。会议结束时，蓝帽可以对今天的讨论结果做总结梳理，给出讨论结论。

(二)白色思考帽：事实与数据

白帽象征着信息咨询，如同一张白纸，可以在上面进行电脑打印，使用白帽时，每个人客观而中立，直接且仅仅关注信息。

我们有哪些信息？我们需要哪些信息？我们缺少什么样的信息？如何找到我们所需要的信息？这些信息包括主观信息和客观信息，其中有确凿的事实数据，也包括意见情感类的消息或个人观点。每个人都可以戴上白帽提供自己的信息，如果两人的信息有出入，不用在这上面纠结停滞不前，可以简单地将不同观点平行排列，如果冲突点非常重要，可以对照进行检验，做出选择。

白帽多数情况下在会议开始之前使用，从而为此次的会议或思考提供相应的背景资料。在会议结束之前，白帽可以用作评估，检测大家本次会议当中的提议是否与白帽资料中的信息相吻合。

(三)红色思考帽：情绪与直觉

红帽的思考是关于情绪、感觉、直觉的非理性思考，如同火焰非常直接、炽烈，戴上红色思考帽，你可以直接抒发你的情绪和感觉，不用对其进行辩护与解释，你是什么样的感受就表达什么样的感受。

在会议讨论当中，通常人们被要求理性、客观，不掺杂个人的情绪。但人即使再理性，也有自己的情绪贯穿其中，红色思考帽可以给自己的情绪表达找到抒发口，让情绪变得合理，成为思考的重要组成部分。“如果人们认为需要证明自己的情感是正确的，他们就会只表达那些能够证明为正确的情感了。因此，红帽思考不允许做出任何解释。”

在使用的过程中，要明确红帽的使用范围。红帽思考是属于个人的思考行为，每一个与会者可以轮流戴上红色思考帽，表达对当前这一范围的感觉或者更为复杂的情绪状态。

(四)黄色思考帽：探索与发现

在黄帽的思考下，思考者的目的是尽可能地将创意付诸实践，那就带着积极与乐观的心态，去寻找议题中的优点和希望吧。

黄帽思考要求你有逻辑的支撑，在你论点的背后，你需要清楚地阐述你论点的支撑依据。它是基于现实的思考，它很难，因为你要在认清事实的情况下，找到突破点和价值点。你需要考虑有什么价值？对谁有价值？如何实现价值？价值怎样最大化？但是黄帽也时常给人以惊喜，因为它会激发你的想象力。

如果背后没有理论、逻辑支撑，只是一种感觉，它将不属于黄帽范畴，应该在红帽思考中作为情感、感觉提出。黄帽思考要强调探索和积极的发现，是一种建设性和启发性的思考方式，重在探索价值和利益，力求寻找机会。

(五)黑色思考帽：小心与谨慎

黑帽强调谨慎，在思考的阶段中，我们需要考虑潜在的风险与问题，以及各类的负面因素。黑色思考帽为了规避风险，需要找到哪些是无效办法，或者哪些因素会导致结果的失败。

戴上黑色思考帽，我们可以指出哪里出错了，哪里不合适，什么是无效的。黑帽的基础是人脑自然机制，大脑会形成自己预期的模式，如果遇到与自己预期模式不匹配的事物，会有不适感，所以黑帽强调的是“符合性”，它会将讨论内容与我们过去的经验、目标、社会普遍路径等进行比较。

在运用时，一定要注意不要陷入争论之中，在发言之前，可以将批评的论点记录下来，可以指出他人的问题，同时也要接纳自己的观念被人指正，将分歧罗列出来，形成关于所有潜在问题、危险的清单（注意：在这一环节只需要提出问题，关于如何克服，是属于绿色思考帽的环节）。

（六）绿色思考帽：创新与创造

戴上绿帽，就意味着你要提出创造性的建议，它象征着生命力。最理想的情况是发言者与聆听者都戴上绿色的思考帽。

绿色思考帽要求我们从固有的思维方式跳出来，发现更好的方法。它强调“变”，这与我们前文谈到的水平思考的方式很像，你可以在戴上绿帽时运用水平思维，这能使你变得更有创造力，能提供更多的新观点、新方法。你可以在这个环节运用水平思维，但不局限于水平思维，互联网思维、发散式思维等都可以是你创意的思考方式。

创造不只是属于创造人士，戴上这个帽子，每个人都可以提供创造性的想法，可能不是每个人的想法都很有创造力、打破常规，但绿色帽子给大家提供了一个去想象的平台。在这里，你可以尽情发挥你的想象力。“智慧与智慧交换，能得到更多、更有效的智慧。”①

诱因是绿色帽子思考的重要部分，德·波诺博士将其用“PO”来代表。建立诱因的方式有很多，它能将我们带出平常的思考模式。绿帽包括突然的新奇点子，也可以是经过权衡的成熟想法，可能没有办法对每一

① 邱伟：《思维风暴：22种黄金思维》，中国华侨出版社2012年版，第15页。

个人的点子进行深入讨论，绿帽可以挑选一些有讨论价值的点子进行深入探索。

曾有人对300名高级公务员进行过实验，结果显示，引入六顶思考帽的模式后把思考效率提高了493%。“六顶思考帽”不仅成为了当时大型企业方案讨论、会议中使用的工具，同时也进入了各个学校的思维课堂，在新西兰的小学，很多教室都挂起了这六顶颜色各异的帽子，用来提醒学生们在课堂上要做更多的独立思考。

思考帽突破了人们原来思考问题的固有价值观念和价值判断，人们在讨论一个问题时常常有某个倾向，情感和情绪有时会对决策产生影响，做出不理性的判断，甚至引发团队之间的冲突。而思考帽能让人摆脱自己固有的情绪偏见，理性地思考，能够解决讨论决策过程中出现的情绪干扰，从而更好地进行思考活动。

思考帽的使用可以让会议变得更加高效，能够通过分析方法来解决的问题逐渐被解决，剩下的需要我们运用思考的第一个阶段来“设计”。思维的质量决定了内容、结果的质量，价值设计决定一切！

正如前面所谈到的，“六顶思考帽”的思维方法，首要的目的是简化、聚焦一件事；其次可以自由变换思维形态，当然也包括垂直思维和水平思维之间的相互“切换”。

水平思维与颠覆性创新

牛顿曾经说过：如果说我看得比别人更远些，那是因为我站在巨人的肩膀上。而人生百态、世间万物变幻无穷，充满了未知与无限的可能性，你是否想过不需要你看得更远，抛开思想的重重枷锁，转头换一个方向，当我们颠覆性地去创新去改变，或许有一片澄明之境等候已久。

“麦肯锡公司的专家史密斯说，谋杀创意的‘一号元凶’就是‘思维定式’。”①水平思维，恰恰就是突破思维定势，能给人带来颠覆以往的创新。比如，花一块钱就能骑走别人的自行车，换成以前谁都不信，但是这就是现在的共享单车；油烟对于大多数人而言是生活中的困扰，避之不及，方太油烟机却用提取油烟写了一封“油烟情书”；水往低处流，这是正常思维，你想过水可以往高处流吗？吸管的发明就打破了思维常规，带给了人们别样的生活便利。这就是水平思维在生活中的运用，颠覆性的创新总是能带给生活以惊喜。

原网易有道云笔记高级产品经理兰天，就在有道云笔记中运用了“水平思维”的方式。在互联网时代，有很多免费的共享，而且用户可以快速搜索，那么面对这样一个现状，有道云笔记的“随时随地记录一切”的口号对用户而言门槛很高，因为这需要用户主动去想自己要记录什么，并且需要思考后去记录。于是，兰天与其团队就换了一种方式去思考，随时随地记录一切即存储内容，备份信息也是一种存储行为。整个团队立刻找到了突破点来激活用户：用备份来代替自己的主动上传，例如，用户可以利用网页简报的方式来收藏文章；推进用户与第三方的分享收藏；可以将网易邮箱邮件备份到有道云笔记中。这些存储信息的行为，让用户使用非常便利，减少了他们思考的过程。调整过后的有道云笔记，用户量和活跃度达到了近5倍的提升。

水平思维的运用往往具有如下四个特点：

(1)灵活性。灵活性就是克服固有思维模式，跳出传统思维框架，灵

① ［日］北野健一：《麦肯锡思维与工作法》，魏巍译，现代出版社2017年版，第67页。

活应变，从新的方面来考虑问题。能够“把外部世界观察到的刺激与正在考虑中的问题建立起联系，使其相和，也就是将多种多样不相关的要素捏合在一起，以期获得对问题的不同创建”。① 灵活性需要你跳出固化思维圈，触类旁通，进而演变出丰富、多面的结果。

(2)广泛性。广泛性是在思考的过程中，能够考虑到各个方面，跨领域、跨学科、跨类别。不仅限于与思考内容相关的部分，同时能够考虑到其他领域。能够延伸思考者的思考范围，激发自由发挥的能力，提升创造性结果的可能性，可以最大限度地进行信息的列举和整合、再创造。你可以任意选择一个新的点，然后从这个点倒推，努力在这个点与起点之间建立一条新的路径。

(3)多感官性。多感官性就是能够充分利用各个感官器官接收信息并进行加工联想。强调在思考过程中应该调动身体各个器官，全方位地激发兴趣和大脑灵敏度，把接收到的外界零碎信息转化为作用于结果的有效信息。

(4)独特性。独特性是在水平思考中做出的有别于其他人的反应能力，这是这四点中最难达到的一点，需要你有深厚的知识底蕴，丰富的生活经验，快速的反应能力。“这个创意重在突破常规，它不怕奇思妙想，也不怕荒诞不经。”②你灵感的独特性，彰显你解决路径的与众不同。

库仑在早年时期，是一位中学老师，对电荷间的相互作用力非常感兴趣，但一直没有找到测量这种微小力的方法，没有得出规律。法国大革命时期，库仑想要更平和的生活环境，所以从巴黎搬到了乡村，看到农家纺车细细的纱线，注意到纱的接头总是往反方向卷曲，拧得越紧，反卷的

---

① 邱伟：《思维风暴：22 种黄金思维》，中国华侨出版社 2012 年版，第 16 页。
② 邱伟：《思维风暴：22 种黄金思维》，中国华侨出版社 2012 年版，第 20 页。

圈数就越多。他想到可以用同样的原理来测量电荷之间的作用力。库仑回到巴黎后，做出了利用细丝扭转角度测量力矩的秤，非常灵敏，精确测量了电荷的相互作用力与距离和电量的关系，电学重要基础的理论库仑定律就此诞生。

库仑就是灵活地变通，将纱线和自己的研究结合起来，突破了常规，将平常直接相接的细丝扭转起来，最终运用水平思维取得了研究上的突破。颠覆性的创新总要求我们能够留心细节，并且从不同的角度来看问题，水平思维加以运用往往能化腐朽为神奇，曾连续三年蝉联福布斯全球富豪榜首位的墨西哥电信大亨卡洛斯·斯利姆·埃卢就是最好的佐证。

20世纪80年代初期，墨西哥经济萧条，为了控制经济危机，政府采取了银行国有化的政策，不少企业面临倒闭边缘，小型企业纷纷低价抛售。就在所有人都不看好濒临倒闭的小型企业时，卡洛斯却反其道而行之，面对家族成员的反对，卡洛斯还是坚持买下多家烟草和餐饮公司。经济危机很快过去了，卡洛斯利用自己别具一格的眼光和过人的智慧谋略使下属公司反亏为盈，这些公司市值翻了接近三百倍。

现在的商业博弈中，颠覆性的创新也总能突出重围。在产品同质化的今天，洗发水市场已经竞品众多，滋源洗发水换了一种方式，他们提出了这样一句广告词："洗了一辈子头发，你洗过头皮吗？"这相当于制造了一个原来消费者内心没有的冲突，而作为这个内心冲突的提出者，滋源在这个新市场马上占据了第一的位置，成功俘获消费者的心。

在这样的冲突之下，滋源在2016年"双十一"的销售额位居洗护类全网第一，年底与格力、华为、天猫等入选了国家品牌计划。两年半的时间，销售额达到了75亿元，成为国家知名品牌，可谓是一个品牌奇迹。

商业运营对思考方式有很大的挑战，外界环境的不断变化，商业伙伴的不同，商业竞争对手的博弈等，都需要兼顾其中。而一个优秀的商业模式，常常取决于决策者从不同的角度看问题，制造冲突并解决冲突。营销的本质是洞察需求，而需求从哪里来？答案是从冲突里来。只有突破现状，制造冲突，才能打破僵局，而这其中水平思维自然不能少。

其实这种创造、开拓新思路的能力我们每一个人都具备，在不同程度上根据我们个人的倾向、经验而有所不同，通过有意识的锻炼，我们可以发现并掌握水平思维的方式方法。水平思维能发挥人们无限的想象力，这种思维方式能给陷入思考困境的人注入新的生命力，也就是我们所称的灵感。

水平思维作为激发创意的一种方法，需要我们去掌握去锻炼，运用这种思考方式，能带来源源不断的灵感。“创意始于灵感，其次是靠勤奋和汗水。”①山峦重重，水道弯弯，颠覆性的创新还需我们运用新的思维方式，激发灵感，寻到柳绿花红的烂漫之境。

“竖出”与“横出”：延续性创新与颠覆性创新

就像禅宗里说的：一般的修修补补的创新，就好像竹子底部的虫子要从竹子顶部出来，必须一节一节穿透，最终才能爬出来，这叫竖出。而颠覆性的创新，就好像是虫子在竹子边上打一个洞就出来了一样，不需要一节一节打洞，这叫横出。一横一竖，各有其思考路径，纵然达成的结果可能一致，但究其行径之道，横出往往更令人惊叹，并充满魅力。

---

① ［美］托马斯·L. 萨蒂：《创造性思维：改变思维做决策》，石勇、李兴森译，机械工业出版社2017年版，第176页。

创新意味着它必须与前人有所不同，或在思考的维度上，或在执行的方式上，要有开拓性，而不能止步于前人的肩膀上。上文所讲述的“竖出”也就是创新中所谓的延续性创新，这样你可以在前人的肩膀上站得更高，望到更瑰丽的风景，更多新鲜的事物；而“横出”类的颠覆性创新则是站到了与前人不同的路口，或换用不同的视角，也许只是低头，便能看到宛如水中之月的另一番透彻玲珑之美，也许只是在原地蓦然回首，那人便在灯火阑珊处。

颠覆性创新是“从0到1”的创新，而延续性创新则是“从1到N”的创新。诺贝尔经济学奖获得者约翰·纳什在读博期间，久久未能写出自己的博士毕业论文，其同学们在前人的基础上有所创新发表一篇篇论文时，他却在自己搭建的数字王国中寻找，希望能够得出颠覆性的成果。最后在1950年，22岁的纳什以非合作博弈(Non-cooperative Games)为题的27页博士论文毕业，那篇仅仅27页的博士论文中他提出了一个重要概念，也就是现在被我们称为“纳什均衡”的博弈理论。约翰·纳什做到了“从0到1”，但他也曾在苦痛中挣扎，因为他可能什么都做不到。

颠覆性创新的探索之路往往充满了未知和重重困难，而延续性的创新则方向清晰，相比之下有一定成果更为容易，在利益权衡和习惯左右之下，人们往往会稳中求胜选择延续性的创新。“我们的思想如同被判终身监禁的囚犯一样‘身不由己’。”①旧的思维习惯如同枷锁一般，绑架了我们的大脑，旧的习惯、思考方式、观念在生活中有强大的执行力。

我们之所以更频繁使用延续性的思考方式，是因为人的思考分为两个

---

①［德］托尔斯丹·哈维纳、米歇尔·斯皮茨巴特：《跳出思想的盒子：改变思维，改变生活》，刘景姝译，龙门书局2011年版，第1页。

阶段，第一个阶段是在具体情境中定义概念、描述特征、感知要素及其他感知因素形成的阶段，第二个阶段是使用数学技巧以及其他逻辑推进方式的阶段。但是通常在人们的概念里，很少意识到第一阶段的作用，第一阶段被认为是理所当然、自然而然的，而我们只注意到第二阶段中这些因素被利用，被推演是否能够有效地达成解决方案，也就是说，很多人认为思考本身就是从第二阶段开始的。

但其实，很多时候思考的困境就是来源于第一阶段，有一种“无从下手”的感觉。在思考的第二阶段，我们可以运用各种辅助方法来帮助我们，但是第一阶段只能靠我们自身的思考判断。延续性创新往往也就是在第二阶段凸显作用，往往都是在既定概念、既定特征、既定要素等情况之上有所发展；而颠覆性创新恰恰就是在第一阶段中突破常规，往往能给人带来全新的视野。

就如同人们在发明了耙子之后，有的人会不断增加耙子的刀片，让它能更好地耕地，有的人会减轻它的重量，让农民更好操作，这些就是典型的延续性创新。但是吉列保安剃刀公司的创始人金·吉列看到了农民在使用耙子耕地时，想到了要使公司的剃须刀如耙子一般运用自如、简易方便。至此，人们再也不用担心自己的脸被剃得伤痕累累了。

同样，“一次成像相机”的发明也是突破了原有的固化思想，从生活中得到了灵感。原来人们拍照总是要等上一阵子才能拿到洗好的照片，一次宝丽来公司创始人埃德温·赫伯特·兰德与女儿度假时，拍了很多照片，女儿问：“爸爸，为什么我不能马上看到照片？”这句很多人生活中都会有的需求在这一瞬间被埃德温重视了起来，他很快有了一次成像相机的创意并投入研发。

没有想象力的人无法到达颠覆性创新的彼岸，有想象力却觉得只是梦一场不付诸实践的人心中没有彼岸。因为即使第二思考阶段再好，第一阶段的思考出了问题，最后也很难曲径通幽，但是如若没有想象力，又何谈后面的路径。

大部分情况下，你不会意识到思考的这两个过程，有时面对这种“无从下手”之感，会略过第一阶段，直接开始第二阶段，最后带来不理想的结果的情况，而这都是因为我们的“习惯”替我们做了决定，我们深陷在自己多年来的思维框架之中。大脑会习惯于以前的行为方式，一直在思考在现有基础上如何变得更好，但是要想有颠覆性的创新，就必须有意识地阻止自己不去依照原来的习惯。

要抑制自己原来的习惯，需要你付出努力，“你抑制习惯行为的能力会受到压力、长期自我控制和环境持续影响等这些因素的干扰”。① 而且“当新观点与旧观点发生交叉时，人们对旧观点的了解或体验通常会扭曲甚至妨碍新观点的产生”。② 颠覆性创新的道路需要改变以前旧的观点，建立新的习惯，具有相当大的挑战性。就如同以前人们说我们不需要有声音的电视，人们说电子支付没有现金支付可靠方便，然而现在，这些人们原来所不接受、不习惯的，都早已成为人们生活的一部分了。

严复先生曾经说过：“变法之难，在去其旧染矣。”正如《颠覆者：周鸿祎自传》一书的封底中，周鸿祎如是说：“颠覆”不是彻底对个人或者行业的毁灭，而是一种创新的途径，一种成长的方式。颠覆观念比颠覆行为更重要。改掉原来的习惯、观念，是相当之难的，但脱离原有的思

---

① ［美］雅特·马克曼：《学会思考》，梁云霞、郑雅丰、许馥惠译，民主与建设出版社 2016 年版，第 51 页。

② ［英］爱德华·德·波诺：《水平思考》，卜煜婷译，化学工业出版社 2017 年版，第 29 页。

考模式，就能创造新的模式。

周鸿祎坦言自己就是颠覆性创新的信徒，他将颠覆性创新的路径总结为两种："一种是从商业模式上进行创新，即把昂贵的变得便宜，把收费的变成免费；另一种是从体验上创新，即把复杂的变得简单，把笨重的变得便携。"①对于周鸿祎提出的颠覆性创新路径，还有一种可以补充进来，即技术上的创新，360 公司的实践也确实如此，截至 2018 年年末，360 公司专利申请总量超过 12000 件，授权专利总量近 4200 件。

你是想成为第一个吃螃蟹的人，第一个制造冲突的人，第一个改变人类未来生活方式的人，还是当第一个人背后的芸芸众生。诚然，无论是"从 0 到 1"，还是"从 1 到 N"，这两种创新方式都值得肯定，都是对现有模式的突破，但是"从 0 到 1"能够领略的自然更为精彩，"从 1 到 N"也需要激烈的厮杀方能突出重围，成为 1 背后的佼佼者。

要想取得突破的成就成为"1"，就必须要有开创新领域的勇气，开拓新思路的智慧，开始新方法的应用。"想象能力堪称创新思维的翅膀"②，打破一切常规，"Nothing is impossible"。

一阴一阳之为道，一左一右之为局；一奇一偶之为数，一横一竖之为新。"横出"与"竖出"也可以在相互转化中发展，创意本天成，妙手偶得之。"横出"打开新领域，"竖出"在领域内百花齐放，同时又可能因为其中某一朵花的芬芳而醍醐灌顶，开拓的"横出"之境别有洞天钟灵毓秀。

"踏破铁鞋无觅处，得来全不费工夫。"无论是延续性创新还是颠覆性

① 周鸿祎、范海涛：《颠覆者：周鸿祎自传》，北京联合出版公司 2017 年版，第 2 页。

② 吴晓义：《创新思维》，清华大学出版社 2016 年版，第 16 页。

创新，只有凭借思维的功夫，得来才会“不费工夫”！ 从垂直思维跨越到水平思维，往往会出现“山重水复疑无路，柳暗花明又一村”的境界。思维的价值和魔力就在于此。

第九章　工匠精神与创新

重拾工匠精神

工匠精神就是专注与坚守

唯有“匠心”，方能创新

从“中国制造”到“中国创造”

万里长江第一桥：工匠精神筑就的典范

港珠澳大桥：新时代的又一座历史丰碑

港珠澳大桥：新时代的又一座历史丰碑

它是世界上总体跨度最长、钢结构桥体最长、

海底沉管隧道最长的跨海大桥；

港珠澳大桥还是公路建设史上技术最复杂、施工难度最高、

工程规模最庞大的桥梁。

所谓“工匠精神”，就是用精益求精的态度，把一种热爱工作的精神代代相传。工匠精神首先是一种传承。很多人认为工匠是一类做着机械的、简单的、重复的工作的劳动者，其实“工匠”二字有着更深远的意蕴，代表着时代的气质和时代的风格，坚定、踏实、执着，精益求精、持之以恒。

创新就是与众不同，这是创新中的应有要义。然而我们所倡导的工匠精神，与时代的创新不仅不是“背道而驰”，而恰恰是这个时代最需要弘扬和发扬的精神。工匠精神就是一辈子只做一件事，而且将这件事情做到极致。坚持到极致，同样是伟大的创新。

工匠精神同样是新时代的创新精神。

重拾工匠精神

匠人就是把自己的一生奉献给一门职业，埋头苦干，孜孜不倦，视工作为修行，视品质为生命。这样的人最有魅力，也最能打动自己与别人的心弦，感动自己的灵魂。

2016 年 3 月 5 日，第十二届全国人民代表大会第四次会议上，国务院总理李克强在作政府工作报告时提出：“改善产品和服务供给要突出抓好提升消费品质……培育精益求精的工匠精神，增品种、提品质、创品牌。”这是“工匠精神”首次出现在中央政府工作报告中。

“工匠”，是工业化社会形成之前长期存在的一个社会群体，民间称为“手艺人”。他们凭借一技之长足食、安居、恩育下一代。中国自古从来都不缺工匠，韩非子《五蠹》一文就提到了最早造房子的有巢氏、最早钻燧取火的燧人氏。这都是最早的“匠人治国”的案例。

提到工匠精神，中国历史上最有代表性的人物当属鲁班，他一生发明创造众多，包括木工工具、古代兵器、农业器具等。鲁班的名字已经成为古代劳动人民智慧的象征，成语“班门弄斧”的典故就是对鲁班的最高褒奖，建筑行业工程质量方面的最高奖项称为“建筑工程鲁班奖”，反映了匠人在我国历史上的独特地位。鲁班精神实质上就是我们当下应该重拾的工匠精神。

中国自古从来不缺工匠精神。《论语》里记载了“差之毫厘，谬以千里”，展现了古代人们追求精确的态度。荀子的《劝学篇》说“锲而舍之，朽木不折；锲而不舍，金石可镂”，反映了古代人们坚持不懈的品质。清代著名启蒙思想家魏源曾经说过：“技可进乎道，艺可通乎神。”即当某项技艺达到巅峰后，再前进一步便接触到了“道”，即天地规律，这显现了中国人民追求极致的精神品质和传统。

全球知名广告公司智威汤逊(JWT)曾经发布过一份民意报告：调查英美消费者对“中国制造”的印象。报告中显示，60%以上的英美消费者认为“中国制造”的商品意味着“海量生产”；55%左右的英美消费者认同中国商品给人的印象是“便宜”；45%的人认为“安全水平低”；35%的人认为“质量差”；仅有20%的人认为中国商品“有趣”。相比之下，英美消费者对“日本制造”和“美国制造”普遍持正面看法。这份报告的基础调查完成于2012年5月31日至6月4日，由智威汤逊在美国和英国进行实地研究，采访了18周岁以上的美国人和英国人各503名。基于此，有人对于“Made in China”奉送了一副这样的对联，上联：要多少有多少；下联：要多差有多差；横批：中国制造。① 这样的现实使得中国从制造大国走向创造大国、从中国制造走向中国创造的愿景面临着巨大的挑战。

中国制造的产品在人们心中的印象普遍是大规模生产，但要说高品质，人们往往想到的是德国、日本、瑞士等国家。德国人严谨、精益求精、耐心专注的品质使德国制造的工业精神引领着世界工业发展的潮流。日本人将其工匠精神归为“职人精神”，他们秉承的价值观是一辈子只做一件事，并把这件事做到极致。他们的专注、一丝不苟，是日本工艺品制造业傲视全球的基础。提到瑞士，我们最先可能想到瑞士军刀、瑞士银行，而最令他们骄傲的便是瑞士手表。瑞士手表无人不晓，而且价格不菲，这是他们的工匠精神所带来的品牌溢价效应。在瑞士的手工艺人，他们所想的往往不是要赚多少钱，而是如何将技艺传授给自己的后代，让他的技术得以传承下去。在瑞士制造的表拥有“瑞士制造”(Swiss Made)这一名称，这不仅仅是标明制造者或销售者国籍的商标，这一标牌(用法律术语来说应该是“原产地标志”)在全世界范围内享有很高的声誉。“瑞士制造”早已在人们心目中建立起高品质的形象，它既代表着可信的技术质量(准确、可靠、防水、耐热)，又是美观(优雅与新颖的设计)的代名词。

不得不说，今天的工匠精神在中国已经成为非常稀缺的品质了，中国的制造业与德国、日本、瑞士几个国家相比，还存在着较大差距。2015

---

① 参见“外国人眼中的‘Made in China’”：http://news.mydrivers.com/1/239/239959.htm，2018年12月17日浏览。

年年初，著名财经作家吴晓波发表了一篇名为《去日本买马桶盖》的文章，说很多中国游客去日本抢购马桶盖、电饭煲、电吹风等生活用品，并从成本优势丧失、渠道优势瓦解和“不变等死，变则找死”的转型恐惧三个方面指出了“中国制造”的痛点。

人民日报为此还调查了中国游客去日本爱抢购物品清单，其中包括吹风机、电饭煲、陶瓷菜刀、保温杯、马桶盖、电动牙刷等。问题是，这些产品都不是什么稀缺产品，都是再平常不过的日常用品，在中国都有，中国自己都生产得出来，为什么非要跑去日本买呢？看了人们从日本购买回来的产品介绍就一目了然了。吹风机：拥有纳米水离子技术，吹过的头发蓬松顺滑；电饭煲：煮出来的米饭粒粒晶莹，不粘锅；陶瓷菜刀：耐磨是普通钢的60倍，用不到以前一半的力气切菜；保温杯：不锈钢真空双层保温，杯胆超镜面电解加工，密封效果更佳；马桶盖：抗菌、可冲洗、座圈瞬间加热，可以在所有款式的马桶上安装；电动牙刷：采用超声波，刷毛更适合亚洲人口腔使用。

我们可以看出，这些产品已经远远超出了基本的产品功能，比同类产品的口碑更好，产品的功能更完善。当下中国消费者消费升级的趋势是不可逆的，对商品的需求已经不满足于“能用”，更需要的是“好用”“耐用”，甚至是“享用”。消费者的消费需求越来越朝着多元化、个性化、精细化的方向发展，日本的这些产品显然更契合消费者的需求。

日本是一个高度尊重工匠精神的国家，无论任何职业、任何岗位，只要能在自己所在行业中做到顶尖，在社会中便会拥有非常高的地位。在日本，工匠的概念不限于手工业，更多的是一种精神层面的含义，所以在日本任何一个专业领域，只要能做到顶端或有独特的造诣，都将被视为工匠。

中国工匠的社会地位与日本工匠的社会地位相差甚远。一个日本人，如果一辈子都在做寿司，人们大多会说："这个人做了这么多年寿司，一定是这个行业的专家，值得我们学习！"而如果一个中国人，一辈子都在做包子，很可能会被旁人用来教育自己的孩子："你看，你不好好读书，以后就只能卖包子！"而且，在日本做寿司的家庭很可能会把做寿司的技术传授给自己的孩子，认为这是一门手艺，应该传承下去。而在中国做包子的家庭一定是希望自己的孩子好好读书，考上好大学，从而"改变自己的命运"。这种观念上的反差是巨大的，不得不让人深思，这也可以看出中日两国对待工匠精神的文化差异。

在中国人的观念中，大多认为需要上手的工作是低级的工作，用脑的工作才是高级的工作。中国自古就有"万般皆下品，唯有读书高"的观念，认为所有行业都是低贱的，只有读书入仕才是正途。古人通过读书走上仕途，认为当了官就可以指使他人，这样一来，既拥有了高于他人的社会地位，又可以获得高于他人的经济收入。在今天同样有这样的现象，人们都希望自己的孩子能够好好读书，考上一个好大学，"用知识改变命运"。努力学习考上好的大学当然是一个很好的上升途径，但并不意味着只有这一条途径才能"改变命运"。就像网红老师张雪峰所说："人人都想成为白天鹅，考研只是其中一条使你成为白天鹅的道路，除了考研还有很多其他路可以使你成为白天鹅。"

所以，中国人现在需要从观念上转变对"工匠精神"的认识。只有当社会开始认同"工匠精神"，这种精神才能渗透到每个人的心中，作为自己所秉承的价值观，才能出现一个个"匠人"。

工业革命之后，机器化大生产代替了手工作坊的生产，开始进行大批量生产，生产效率低自然成为手工业者的劣势。然而，在人民消费水平逐渐提升、对消费升级的需求愈加强烈的当代，更需要产品的精度和高品质，这恰恰与工匠精神不谋而合。这个时候的工匠精神就不仅仅是手工业者的精雕细琢了，而是对所在领域的事情追求极致、精益求精的精神。

2012 年，党的十八大提出了“创新驱动发展战略”；2013 年 9 月和 10 月，习近平总书记分别提出了建设“新丝绸之路经济带”和“21 世纪海上丝绸之路”的合作倡议；2015 年，中国政府描绘了《中国制造 2025》蓝图；2015 年，十二届全国人大三次会议上，李克强总理在政府工作报告中首次提出“互联网+”行动计划；2015 年，李克强总理在政府工作报告中又提出“大众创业，万众创新”的号召。

这些国家重大战略的推动，都需要以工匠精神作为基础。国家的经济发展既需要人们打起精神，充满斗志，“撸起袖子加油干”，更需要“工匠精神”脚踏实地、精雕细琢、一丝不苟、耐心专注、一步一个脚印地走出来。

1983 年，“新世界珠宝金号”成立，这是中华人民共和国成立以来武汉第一家专业金店，凭着一股“用新金质量，打造百年老店”的专注精神，成为珠宝界的“良心”品牌。

从六渡桥三节柜台起步，到如今新金珠宝获得中国名牌、中国驰名商标，2017 年实现近 30 亿元的产值。三十多年来，新金珠宝秉持“宁失千金，不失一信”的企业经营理念，坚持培养钻研技术、勇于创新的工匠，不断打磨工艺，改进技术，独创了扳手链活络不打结工艺、千足金无焊药生产工艺、幻彩立体底纹技术、影底立体油压戒面工艺、手工錾花技术、机械手批花工艺等，拥有国家专利 40 多项。公司研制出的无焊药手环等产品，成为国内生产千足金手环的第一家生产企业。

“新金珠宝现在的市场占有率，是通过保质保量，从夹缝中拼出来的。”新金珠宝创始人孟汉华说，2008年全球金融危机，黄金甚至整个实体产业遭到重创，很多企业转战房地产“捞金”，但新金珠宝不跟风，不眼红，坚守实业。

金匠绝活，金镶玉堪称最难。一位客人进店看玉，相中一块标价10万元的翡翠观音，把玩间不小心掉在地上摔成两截。客人懊恼之际，工匠师傅现场设计花式，最后将头身分家的玉观音，化腐朽为神奇，变成了金镶玉的精品挂件，让客人满意而归。不仅可以做金镶玉，新金珠宝还能做金镶泥，一位信佛的客人，拿着某寺庙得道高僧赠送的小泥佛进店，请师傅为这尊不到5cm的立体小佛镶金。泥遇水、遇热则化，亦不能用力，用力过则散，客人委实给新金珠宝的师傅出了一道难题，多番思量，老师傅为小泥佛量身订制了一副带靠背的黄金莲花座，不仅造型美观，而且对小泥佛形成了最好的保护，客人拿到手惊叹不已。

在良心打造好产品的基础上，新金珠宝率先推出“新金轻定制”服务，不仅可以满足客户的个性化需求，还可以把自己的指纹嵌入首饰，编织自己心仪的造型。

新金珠宝不仅执着于工艺的精益求精，也醉心于“顾客就是衣食父母”的售后服务理念。新金珠宝在全国第一个执行售后复秤台，第一个开展以旧换新、来料加工定制，第一个委托检测机构进行售前质量全检，第一个出具钻石鉴定证书，第一个开展不满意就退换服务，成立全国第一个珠宝行业青年志愿者义务服务队。推出了售后十免服务：免费见新、免费整形、免费复秤、免费调整尺寸、免费刻字、免费焊接、免费镀金、免费编织、免费改圈、免费(代客)存金。

“业内人一直笑话我们做‘苕事’，实打实的千足金每年多出上百万成本，但我并不觉得这是在吃‘苕亏’，我就坚信一个理念，只能正误差不能负误差，只能多，不能少。”创始人孟汉华的坚持最终赢得了客户和市场的高度认同。

新金珠宝在珠宝行业获得第一个全国技术能手，十大特色服务在江城消费者中享有盛誉并成为全国珠宝行业学习的典范，公司售后服务员朱明汉创造的售后服务方法被命名为“朱明汉工作法”在全国推广。

站在新金珠宝的橱窗前，仿佛置身文化博物馆，超大的 LED 屏不间断播放着武汉百年历史和建设成就，新金珠宝用 30 多年精益求精、追求卓越的精神向武汉这座中部的中心城市致敬。

中国从来都不缺少工匠精神，只是我们在现代化赶超世界的道路上走得太急，把它落下了甚至是“遗忘了”，现在我们要重拾工匠精神，创新中国制造，让中国制造真正地走向世界。我们未来的理想就是：当世界上人们一看到“Made in China”字样时，在心中的感受用这样一副对联来形容：上联：要多少有多少；下联：要多好有多好；横批：中国创造。

重拾工匠精神，弘扬工匠精神，发扬工匠精神。

工匠精神就是专注与坚守

“工匠精神”，用核心的两个词概括，就是专注与坚守。

《聊斋志异》的作者蒲松龄说过：“性痴，则其志凝；故书痴者文必工，艺痴者技必良。世之落拓而无成者，皆自谓不痴者也。”意思是说，性格执着的人，他的意志一定坚定；所以，痴迷于读书的人，提笔就能写出漂亮的文章，对一项技艺痴迷的人，他的技术一定是非常精良的。而世界上那些事事无成的人，大多是因为没有什么执着的意志。

这个“痴”字用得非常好，“痴”字有一个意思是“对某事或某人非常着迷”，即痴迷，那么这个“痴”字就可以对应为专注。2017 年 9 月，有道精品课的英语老师钟平推出了一款名为“痴学社”的伴学产品，该产品上线当月报名人数过万人，收入超过千万元。钟平老师提倡学习英语的最高境界就在于“痴”字，即极度的痴迷、专注。痴学社有一句问候语，“今天，你痴了吗？”意思是今天你专注于学英语了吗？

在中国，以前熟人见面打招呼通常都是一句话：“您吃了吗？”那个时候物质生活条件相对匮乏，能吃饱饭就是很大的满足了，所以问吃饭了没有，不是随便找一句话避免尴尬，而是体现了对他人的关心。今天我们的生活条件越来越丰富，吃饱饭已经不是一个很大的问题了，所以现在见面打招呼问“您吃了吗”，已经越来越少见了，即使这样问了，可能更多的也是顺口问一句避免尴尬罢了。而当人们什么时候见面打招呼时，能把“您吃了吗”改成“您痴了吗”，就说明社会进步了。简单的问候，发音是一样的，意思完全不同。前者是对他们生理需求是否被满足的关心，后者则是对他人精神需求是否得到满足的问候，从马斯诺需求理论出发，这的确是一大进步了。

“当一个人将全部的时间、精力都投入到一项工作中并始终保持专注，那么他就能够成为这个领域的专家，成为一名真正的工匠；同样，一个人只有在创新的过程中保持高度的专注，才能创造出看似不可能的奇迹。”①

《专注：把事情做到极致的艺术》一书的作者亚当·格雷萨认为，大脑的注意力是有限的，只有一次专注一件事，才能在充满干扰的世界里不浪费人生。

---

① 王明哲：《不忘初心：铸造匠心，驱动创新》，人民日报出版社 2017 年版，第 105 页。

在武侠小说中常常称赞武功高强的人“十八般武艺样样精通”，十八般武艺也就指该人会使用十八种功夫或技能。但是在现实生活中，这种人是不存在的，人的精力是有限的，不可能精通所有技能。在田径中，有练长跑的、短跑的、跳高的、跳远的、竞走的等，没有人能够将几个项目同时练到高水平，更不要说达到精通的程度。所以在现实生活中，专注做一件事，花长时间把一件事做到极致，远胜于把一万件事做得平庸。

被誉为“短篇小说之王”的法国作家莫泊桑小时候曾在他后来的导师福楼拜面前自信地说：“我上午用两个小时来读书写作，用两个小时来弹钢琴，下午则用一个小时向邻居学习修理汽车，用三个小时来练习踢足球，晚上，我会去烧烤店学习怎样制作烤鹅，星期天则去乡下种菜。”说完之后一脸得意。福楼拜听后笑了笑说：“我每天上午用四个小时读书写作，下午用四个小时读书写作，晚上，我还会用四个小时来读书写作。”福楼拜接着问莫泊桑：“你究竟有什么特长，比如有哪样事情你做得特别好？”这下，莫泊桑答不上来了。于是他便反问福楼拜：“那么，您的特长究竟又是什么呢？”福楼拜说：“写作。”原来特长便是专注地做好一件事情，于是，莫泊桑下决心拜福楼拜为文学导师，一心一意地读书写作，最终取得了丰硕的成果。

我们今天的生活状态可能大多和莫泊桑小时候一样吧，似乎很难找到一整块时间来专注地做一件事情，研究表明，95%的人每天都会进行多任务操作，多任务活动占一天大约三分之一的时间。看起来多任务状态似乎完成了很多项任务，实际的完成质量和效果是难以保证的。RescueTime 首席执行官乔·赫鲁斯卡认为：“切换工作任务的次数越多，完成的工作量反而越少。”

智能手机的普及也在不知不觉中大大影响了我们工作、学习的效率。手机当然可以为我们的工作、学习提供便利，比如线上课程、线上会议、工作沟通，都可以通过一部小小的手机来完成。但手机的各种应用也在消耗我们的精力，现在很多学生的学习状态可能是这样的：学习半个小时，便拿起手机刷刷朋友圈、聊聊QQ，再学习20分钟，又拿起手机逛逛淘宝、刷刷微博，再学一会儿，就又拿起手机点开"饿了么""美团外卖"浏览中午要吃什么了。不知不觉，一上午就过去了，这种学习状态的效果可想而知。而研究表明，现代社会中人们平均3分钟就会受到一次干扰。而重新进入专注状态则需要25分钟。所以，学生们常常刚进入学习的最佳状态就被手机无情地打断了。

一个人的自我管理关键看他的手机管理。能够把手机管理好的人，在工作、学习中一定更容易专注，而经常把手机拿在手边，时不时就看一眼、刷一刷的人，很难在工作、学习中保持高度专注的状态。所以，自我管理就从手机管理开始，做事的时候把手机静音、关网是对自己最好的管理。

有一个励志视频叫做《你究竟有多想成功》，视频里说"当你对成功的欲望足以与你对呼吸的欲望相媲美的时候，你就会成功！"就像是得了哮喘的病人，当他气息不足时，他唯一要做的事情就是去呼吸新鲜的空气。此时的他不会在意电视里在播什么，不会在意有没有人给他发微信，不会在意派对上的琐事，呼吸新鲜的空气就是他的全部了。这可能就是对"专注"的最好诠释了吧。当你做一件事时，把与这件事无关的事情都抛开，专注于这一件事，你得到的效果一定是最好的。

职业生涯专家古典曾做过一场名为《做生活的高手》的演讲，在演讲中他讲了一个合气道高手是如何训练的故事：在一个房间里，你站在中间，四面墙壁贴满了纸条，四方八方有很多高手向你攻击，你要做的事情是一边迎击来自四面八方的高手，一边读出纸条上的字。这个时候你该怎么做？古典给出了一个很有趣的答案：他没有把四面八方的高手一个个打倒，而是突然转身打倒一个离他最近的人后，围着房间跑一圈，迅速把纸条上的字读出来。

古典没有选择把四面八方的高手全部打倒，而是想办法赶紧把墙上的字读出来，因为那才是他来到这个房间所需要做的事情。专注于你的目标，专注于你的梦想，而不是你的敌人，这就是生活的高手。

专注是工匠精神必不可少的品质，在一段时间内专注于一件事很难得，而长期甚至一辈子专注于一件事则需要坚守。所以对于工匠精神，坚守可能比专注更难得。

孔子："南人有言曰：'人而无恒，不可以作巫医。'善夫！"

荀子："骐骥一跃，不能十步；驽马十驾，功在不舍。"

朱熹："立志不坚，终不济事。"

中国的传统文化一向把坚持视为成事的重要品质，凡事最忌讳的就是做事三分钟热度。正所谓好事多磨，在好的事情实现之前，一定要经过磨炼，只有坚持下来，才能修成正果。"故天将降大任于斯人也，必先苦其心志，劳其筋骨，饿其体肤，空乏其身，行拂乱其所为。所以动心忍性，曾益其所不能。"

人的一生可以做很多事，但如果想做好一件事，可能要花费毕生的精力。

日本有一部名为《寿司之神》的纪录片，主人公是一位研究了 60 年寿司的老先生——小野二郎。小野二郎 2018 年已 93 岁高龄，是全世界年纪最大的三星主厨，他可谓师傅中的师傅、达人中的达人，在日本国内的地位相当崇高，而“寿司第一人”的美称更是传播于全球。他终其一生都在做一件事，那就是做寿司。小野二郎诠释了什么是工匠精神，那就是一辈子做一件事，然后将它做到极致。在纪录片的最后，老先生送给大家一句人生感悟：“一旦你决定好职业，你必须全身心投入到工作之中，你必须爱自己的工作，千万不要有怨言，你必须穷尽一生磨炼技能，这就是成功的秘诀，也是让人家敬重的关键。”

我国第一位获得诺贝尔科学奖项的本土科学家屠呦呦用了一辈子的时间发现了青蒿素，杂交水稻之父袁隆平花费了一辈子的心血研究出了杂交水稻，中国高温超导研究奠基人赵忠贤用一辈子的精力研究超导体。这些伟大的科学家为人类做出了巨大贡献，他们的故事完美地诠释了“坚守”二字。

“创新的过程其实是一种修行，将毕生岁月奉献给一门手艺、一项事业、一种信仰，怀着工匠精神坚持行走在一条创新道路上，最终时间将会见证一切，包括伟大创新诞生时那耀眼的瞬间。”①

中央电视台纪录片《舌尖上的中国》让带着厚重历史文化和满满“匠心”的中国美食给全球带来了无数的味觉视觉诱惑，搅动无数“吃货”的心。煎、炒、炖、煮，辣、甜、鲜、香……纪录片里的镜头，引爆了中国人对美食的热情，也让远离家乡的游子乡愁涌动。

“不仅让人想流口水，更让人想流泪，美食是骨子里的乡愁。”武汉金谷国际酒店巨浪美食董事长帅欣利说：“小时候，家里没钱，最开心的事情就是每周一顿的牙祭——烧冬瓜，爸爸将冬瓜做成红烧肉的味道，很好吃！”后来开餐厅时她就一直想，能不能将父亲做的冬瓜开发出一道菜给

---

① 王明哲：《不忘初心：铸造匠心，驱动创新》，人民日报出版社 2017 年版，第 105 页。

客人吃？ 这看似普通的烧冬瓜，从打花刀、煎、烧、火候、晃锅、放作料、收汁，每一步都有窍门。 在这个快餐文化流行、以速度定效益的时代，依然有一批老字号掌勺人沉下心来“慢慢”做菜，把味道做到舌尖上的极致，传承着一道道美味。

传承不守旧，创新不忘本。“帅府冬瓜现在已经成了巨浪的招牌菜，烧汁、辅料要进到冬瓜肉里面去，火候很关键，辅料放的时间要准，味道才正宗。”巨浪美食的行政总厨付明明说，选材很重要，冬瓜都是从山东运过来的，每个冬瓜都是 50 斤左右的长条冬瓜，因为山东的冬瓜皮青肉厚。 为了让冬瓜受热均匀，色香味俱全，他坚持用晃锅的动作给冬瓜翻个儿，拿筷子夹起来翻面可不行。

在金谷国际酒店巨浪美食，只有经历了洗碗、帮厨，一步步走上来的厨师才有资格做这道菜。 刚开始，付明明也不知道自己切“废了”多少冬瓜：“切的力度把握不准，深了烧不成形，浅了烧不进味。”时间一长，他发现这样太耗时间，便发明了十字花刀模具，大大提高了切冬瓜的效率。

为了满足当下食客的口味和要求，付明明尝试在不改变本身味道的情况下对做法进行微调：“比如汤汁方面，以前要求宽汁大芡，但是现在提倡少油，我们就把汁收得紧一点，这样成品中就不见油了。”为了适应酒店菜品的要求，帅府冬瓜由盘菜改为位菜，一块 36 个格格的帅府冬瓜，配上一朵西蓝花，历久弥新的口味，精致的摆盘，成了食客们的必点菜。

在帅欣利看来，食客和厨师一样，也是一辈一辈传承下来的：“很多年轻人，到老字号吃的是回忆，是寻找爷爷、爸爸留给他的味道。冬瓜是湖北人都喜欢吃的一道菜，只要我们坚守品质，相信新老顾客会常来品尝。”

作家马尔科姆·格拉德威尔在其著作《异类》中提出“一万小时定律”。他研究过作曲家、作家、钢琴家、棋手和运动员，比如莫扎特、甲壳虫乐队、比尔·盖茨等，他得出的结论是：“人们眼中的天才之所以卓越非凡，并非天资超人一等，而是付出了持续不断的努力。1万小时的锤炼是任何人从平凡变成世界级大师的必要条件。”

也就是说，想要在任何一个领域成为专家，必然要达到一定时间的积累，在这个过程中要耐得住寂寞，经受各种考验，甚至走一些不可避免的弯路，唯有坚持下来，才能获得成功。

同时我们也应该认识到，一万小时定律只是从平凡走向非凡的必要条件，而不是充分条件。不是说只要达到一万小时就一定能成功，还有一个条件是专注，只有保持专注状态下的一万小时努力，才能实现真正的成功。

工匠精神就是专注与坚守，二者缺一不可。只有专注，没有坚守，只会半途而废；只有坚守，没有专注，也是白用功。况且，没有投入100％专注的坚持都不能称为坚守，只是应付罢了。

工匠精神必然是100％的专注加上终其一生的坚守，将专注与坚守相结合，必然创造出伟大的事业，这恰恰是新时代需要有的创新精神。

唯有“匠心”，方能创新

中国历史上出现过很多匠人，包括石匠——李春，木匠——明熹宗，建筑匠师——蒯祥，铁匠——刘宗敏，鞋匠——刘备，花匠——陶渊明等。只要在一个领域有所成就的人，都可以将其称为“匠人”。不同领域、不同行业有着不同的匠人，他们有一个共同点，都有一颗“匠心”。

“匠”是术的层面，而“心”却是道的层面。技艺可以通过学习、练习来获得，而修为则需要用心去悟。正可谓“匠人”易得，“匠心”难炼。有“匠”无“心”，技术只是技术，唯有“匠心”，方能创新。

一个人能够被称为匠人，那么他一定是具备某种娴熟的技艺，这种技艺必须达到某种纯熟的境界，才得以被称为“匠人”。但匠人相对来说，只是一种浅层次的境界，因为其掌握的是娴熟的技艺，这种技艺在某种程度上是可以通过持续的训练、时间的积累得来的。这种技艺必然来之不易，但如果要进行创新，还缺少某些精神层面的内涵。

成为匠人不难，拥有匠心却没那么容易。成语“匠心独运”就揭示了这个道理。“‘匠心’意指巧妙的心思，能用巧妙的心思创造出来的器物，已不仅是熟练的技术层面，还要灌注匠人的全部精神，换个说法就是‘修为’。”①

所以，工匠精神绝不仅仅是单纯的技艺娴熟，而是修炼一种价值观、一种素质、一种道德，这些都包含于“修为”之中。一旦拥有了一个很好的“修为”，无论你在任何一个行业、任何一个岗位，你都会尽自己最大的努力把事情做到极致。

新百伦做了一个名为《致匠心》的广告片，片中通过华语歌坛享负盛名的李宗盛大哥专心致志精雕细琢吉他的镜头，和工匠对待艺术品一般地专注制鞋工序的镜头交替出现，向我们彰显了那份非同一般的“匠心”。谁都没想到音乐能和跑步鞋相结合，但新百伦做到了，片中的两位主角在各自业界都堪称匠人、大师，虽然行业不同，但从他们身上都能看到那颗“匠心”，为事业一丝不苟、精益求精的态度。最后的广告效果非常好，

---

① 杨乔雅：《大国工匠：寻找中国缺失的工匠精神》，经济管理出版社 2017 年版，第 102 页。

这样两位大师的碰撞必然能擦出不一样的火花，巧妙的结合将“匠心制造”的品牌信息做到了精准的传递。

行文至此，让我们重温一下这部倡导工匠精神的广告：

人生很多事急不得 你得等它自己熟
我 20 出头入行 30 年写了不到 300 首歌
当然算是量少的

我想 一个人有多少天分
跟他出什么样的作品 并无太大关联
天分我还是有的
我有能耐住性子的天分

人不能孤独地活着
之所以有作品 是为了沟通
透过作品去告诉人家心里的想法
眼中看世界的样子
所在意的 珍惜的
所以 作品就是自己

所有精工制作的对象
最珍贵 不能替代的就只有一个字 人
人有情怀 有信念 有态度
所以 没有理所当然

就是要在各种变量可能之中
仍然做到最好

世界再嘈杂
匠人的内心绝对必须是安静安定的
面对大自然赠与的素材
我得先成就它
它才有可能成就我

我知道
手艺人往往意味着
固执 缓慢 少量 劳作
但是这些背后所隐含的是
专注 技艺 对完美的追求
所以
我们宁愿这样
也必须这样 也一直这样
为什么
我们要保留我们最珍贵的 最引以为傲的

一辈子,总是还得让一些善意执念推着往前
我们因此能愿意去听从内心的安排
专注做点东西 至少对得起光阴岁月
其他的就留给时间去说吧

从这个广告案例中我们可以知道，匠心不是特指某些行业，任何一个职业都需要“工匠精神”。所以，欲得“匠人”，先炼“匠心”。当你拥有了一颗匠心，拥有了工匠精神，任何困难的技艺对你来说也都只是时间的问题。“一个人如果能够将工匠精神投入到创新工作中，那么无疑也能让其心中蕴含的强大力量来推动创新工作产生更有影响力的结果，孕育出伟大的创新。”①

一句老话说得好，性格决定命运。一个人的心性，决定了他未来的路。今天我们的工作可能不是传统意义上匠人的工作，但“匠心”并不会因技术的变革或时代更迭而消失，反而在今天这个时代，我们更应该修炼自己的匠心。在工作中提升自己的心性，升华自己的人格，尽自己最大努力投入到工作当中，追求完美并心无杂念，你必然成为所在行业中的佼佼者。

当今社会，很多人被工作压得喘不过气来，以至于每天都忙碌于工作，甚至是没有了生活，认为工作是一种负担。从另一个角度看，工作本身就是一种修行，它可以造就人格，提升心性。不同职业会对人的性格产生很大的影响，一个人做会计时间久了，一定会更加细心；一个人做产品时间久了，一定会提升用户思维；一个人做广告时间久了，一定更热爱生活。

稻盛和夫是日本商界传奇人物，一生经营了两家世界500强的企业。他就是一个在工作中极其投入的人，他认为：“工作场所就是修炼精神的最佳场所，工作本身就是一种修行。”热爱你的职业、你的工作，而不是热爱这份工作给你带来的利益，当你真正把心思投入到你所做的事情，做

---

① 王明哲：《不忘初心：铸造匠心，驱动创新》，人民日报出版社2017年版，前言。

到精益求精、精雕细琢，所带来的荣誉、金钱自然是水到渠成的事情了。有时候为了某个梦想去努力，顺便赚的钱往往比为了赚钱而去努力赚的要多得多。

万通控股董事长冯仑说："我认为今天作为一个创业者在挣钱的问题上都应抱守追求理想，顺便赚钱的态度，要把理想放到赚钱的前面。"网易创始人丁磊说："不能说做企业的目的只是挣钱，挣钱只是一个顺便的事情，金钱带来的幸福感占比连5%都不到；钱到了一个数量以后，不会对生活品质有什么改变。"

这些中国最成功的企业家都不是为了挣钱才创办公司，而是为了梦想，为了创造才成立公司，从而做大做强。巴菲特个人捐款总额2019年年底已超过380亿美元，比尔·盖茨、扎克伯格要捐出自己99%的财产，很显然他们创业不是为了钱，但他们却改变了世界。工作不是纯粹的赚钱工具，而是实现自己人生价值的舞台，只有全身心地投入工作中，去钻研、去修炼，才能让自己的生命更有价值，也给社会带来更大的价值。所以，与所获得的金钱相比，工作中获得的能力、经历、成长和尊重更有价值。

"创新一直以来就与工匠精神密不可分，可以说很多创新就是从工匠精神中孕育而生的。"①教育行业的创新亦与此同理，也需要一颗"匠心"来锻造。当代教育集团秉持"善、爱、任、毅、诚"的匠心，"遵循教育规律，确保依法合规，发挥市场机制，充分整合资源"，坚持有教无类，因材施教，重视教育的公平性，提倡学生的个性化发展；拒绝"贩卖分数焦虑"的课外培训和同质化的课外培优，只做能真正为学生带来快乐

① 王明哲：《不忘初心：铸造匠心，驱动创新》，人民日报出版社2017年版，第4页。

和成长的素质教育生态体系。目前，集团总资产规模已经超过37亿，营收规模年增长率超30%，旗下“当代少年”素质教育品牌制定了“研学是核心，旅行是形式，营地是基础，课程是灵魂”的导则，已成为中国研学旅行教育标准，当代教育创新了民营教育企业综合发展模式，创造了巨大的经济价值和社会价值。

“一体两翼，双核驱动”既是当代教育集团的企业战略，也是集团在新时代中国特色的教育生态环境下所提出的创新性发展策略。

“一体”指的是高等教育板块（武汉晴川学院和武汉华夏理工学院），不同于其他民办高等院校，当代教育的高校更重视“市场化、职业化、国际化”发展。总裁李巍认为，民办高等院校不能不考虑自身实际与公办高等院校在科研、学术等方面盲目竞争，而是应该与公办高校差异化发展，优势互补，服务社会。当代教育两所高校都要成为应用型人才的培养地、教学成果创新的转化地和产教融合的践行地。“两翼”是当代教育集团的基础教育板块和素质教育板块，是联动“一体”整体腾飞的轻资产引擎。李巍说：“当代教育以立德树人为己任，构建一个完整的教育生态体系，并把体系内的各业务板块高质量地做好，既可以实现教育资源在体系内整合协同，又能够把每一个业务载体打造为素质教育场景，让不同年龄、不同地域的学生在快乐中成长，在实践中成才，这就是对教育的负责，对社会的负责。”

“双核驱动”是资源和人才的双重驱动。一方面，当代教育集团遵循国家政策导向，顺应教育受众需求，充分整合内外部资源，在高等教育体制机制创新、综合素质评价体系建设、研学旅行素质教育标准、教育人工智能大数据应用等方面全面发力，确立头部优势。另一方面，坚信教育企业的生产力是人才，办好教育企业的目的也是人才，人才培养靠“人才”。集团内部确立了“把教育当学问去研究，当事业去追求”的用人导向，坚决破除层级观念和“唯上、官僚”的机制土壤，拒绝“贪玩好耍、好人主义”的“两好习气”，创建研学、思辨的人才培养和考评体系。这一切都为企业发展提供了源源不断的复合动力保障。

教育既是一种“匠心”，更是一种“修为”。当代教育集团在中国民办教育的改革发展路上，不忘初心，牢记使命，景行斯轫，与善同行，不断践行着教育事业的责任和创新。

“匠心”是创新的基础，没有匠心，只能停留于制造，而拥有匠心，才能实现创造。在工作中不断努力，竭尽所能、兢兢业业、一丝不苟，修炼一颗“匠心”，进而创新、创造，为企业带来价值，为社会带来价值，从而实现自己的人生价值。

从“中国制造”到“中国创造”

“为什么有的理发师愿意花一万多元买一把德国产的理发剪刀？因为这把剪刀理发师能用一辈子。一件工具，时间用长了就会产生感情。对一个理发师来说，拿在手里的一把老剪刀，就是自己的一位老朋友。而中国制造的理发剪，虽然只卖几百元一把，但少有能一用就是一辈子的。”①

前面举的一个中国人做包子和日本人做寿司的例子。日本人做一辈子寿司会被给予极大的尊重，而中国人做一辈子包子却会被认为是没出息的表现。两个国家在地理位置上离得这么近，对同一事情的看法

---

① 曹顺妮：《工匠精神：开启中国精造时代》，机械工业出版社2016年版，序。

却截然相反，原因就在于文化差异。“中国制造”必然要激发出每个人的“匠心”精神，只有脚踏实地做产品，精益求精、一丝不苟，才能转型为“中国精造”，然后再不断突破、创新，进而实现更多的“中国创造”。

“只有‘中国精造’才能振兴中国经济。而‘中国精造’不仅仅需要国家政策的调整，还需要培养几千万一流工匠，让工匠精神成为中国根深蒂固的文化。”①中国想要做出优质的产品，就必然要培养更多的匠人，那就要从人们的思想上强化“职业不分贵贱，人不分尊卑”的价值观，转变人们对于“万般皆下品，唯有读书高”的观念，让人们对每个职业都保持平等的心态，并对工匠怀有敬畏之心。

中国现在虽然是制造业大国，但生产出来的产品大多处于产业链的中低端，产品质量普遍偏低，大多是走薄利多销的路线，很少有企业能生产出能够产生高溢价的产品。苹果公司乔纳森认为，“对于好产品的追求是无止境的，它来自于对每个细节的打磨和探究，基于一种将细节做到极致的欲望，需要全身心地投入”。② 乔纳森所说的不就是工匠精神吗？中国的制造业就是需要更多这样的“匠人”，在工作中保持极高的热情，对产品抱有负责的态度，坚持做精品。只有这样，“中国制造”才能在真正的创新精神的引领下成为“中国创造”。

“守、破、离”源自于日本剑道学习方法，后发展到武术与其他行业。守，是从艺之初，要忠实于“守护”师傅所传的技艺；破，是从艺中期，要“打破”这个技艺，青出于蓝，要有自己的所悟；离，是从艺的

① 曹顺妮：《工匠精神：开启中国精造时代》，机械工业出版社2016年版，序。

② 王明哲：《不忘初心：铸造匠心，驱动创新》，人民日报出版社2017年版，第23页。

后期，要“离开”师傅所传的技艺，开创自己的新境界。

我们完全可以将“守、破、离”运用到一个工匠的修炼过程中。首先，在守的阶段，踏踏实实学习技艺，苦练基本功；其次，是破的阶段，要在熟练基本功的基础上加以改进、创新；最后，是离的阶段，要冲破已有技艺的束缚，去创造新的、更加完善的技艺，从而实现创新、创造。拿写作来打比方：首先，要多读其他人的经典作品，多体会、多模仿；然后，在他人作品的基础上进行一些修改、创新；最后，就可以自己进行创作，形成自己的一套语言风格或写作体系。这是一个递进的过程，一定要一步一步脚踏实地地走，直接从第一步跳到第三步是不可能的，不要想一口吃个胖子。

将“守、破、离”运用到中国制造业也是未尝不可。首先是“中国制造”阶段，这个阶段就是要向德国、日本、瑞士等制造业强国虚心学习，学习他们先进的技术；其次是“中国精造”阶段，这个阶段要在固有技术的基础上进行优化、改进，做到精益求精，不断进取；最后一个阶段就是实现“中国创造”，打破传统技术的壁垒，不断突破，实现有中国特色的创新、创造。使中国从制造大国迈向制造强国，进而成为创造强国！

湖北恩施被誉为“世界硒都”，德源健康产业集团就诞生在这片富饶的土地上。德源的企业文化一直强调“微而不凡”：微，不受定义界限；不凡，不因天赋成就。德源正是以“内敛坚持，果敢求新”的工匠精神为企业基因核心。

“我是一个相对理智的人，做起事情来比较聚焦，当我专注于一件事，我会坚持深挖，做到极致。”德源总裁储震说。因此，德源坚持每年将10%以上的收入用于科技攻关及产品研发，已经获批或获得申请受理的相关发明专利超过10项，备案获批企业标准超过60项。德源研发的植物源高有机硒核心技术体系，以富硒植物蛋白为载体，突破了植物来源有机硒源的定量、高效、安全、溯源、便捷等问题。

2017年8月，在硒元素发现地瑞典斯德哥尔摩举办的硒发现200周年全球学术会议上，代表全球植物硒最高水平的"硒萃-国际版"正式全球发布并上市，德源对产品质量的坚守赢得了国际尊重。

产品品质就是品牌，品牌就是未来。热爱你所做的事，胜过爱这些事给你带来的利益，大部分美好的创造并不是从天才的脑海里孕育的，恰恰是从普通人的工匠精神中诞生的。

如果说天然富硒植物蛋白是定量补硒技术体系的弯道超车，那么硒肽则是"内外联动"的换道超车。2018年，德源联合武汉轻工大学成立了国内首家涉硒院士专家工作站，共建了由农业农村部批准成立的国内唯一的富硒领域研发专业中心和技术平台——国家富硒农产品加工技术研发专业中心。硒肽正是在这样一个国家平台上，基于天然富硒植物蛋白研发及产业化基础，经由德源5G+的GAP种植规范体系，GMP标准精深加工体系，采用核心专利技术制备获得的全新富硒小分子活性肽类产品体系。可以说，从天然富硒植物蛋白到德源小分子活性硒多肽的"吸收、利用、高效"全方面升级过程中，双酶法低温萃取、高耐硒益生菌酵解、含硒植物蛋白定向酶解、低温冷冻干燥及粉末直压等核心技术的集成创新，都是基于研发人员孜孜以求、艰苦攻关的结果。

将简单做到极致。我国7亿人生活在缺硒或者严重缺硒地带，那么如何获取有功效的硒？如何简单、安全地选择硒产品？这就是标准和标准化的问题。德源一直致力于《植物源高有机硒食品原料》团体标准的基础研究和制定发布，该团体标准首次以植物来源有机硒形态为核心理念和技术要求，并为硒肽国标项目相关特征指标、有机硒形态与健康相关标准制定奠定了扎实的技术基础。硒产品技术的传承与创新要对原有好的技术进行传承，同时也要进行改良与创新，最终目的是品质的提升，给用户带来更好的体验，这是对产品的坚持。2019 年 1 月，德源正式启动“硒肽国标”项目，标志着植物源高有机硒技术体系正式升级跨入小分子活性硒肽时代。

“技之道，匠之魂。”无道，不足以振新产业；无魂，不足以引领时代，精益求精、创新突破铸就德源工匠精神的灵魂。德源企业就是将工匠精神与现代科技创新相结合，经过短短三年的时间，成为“世界硒都”和“中国硒谷”的领军企业。

2017 年，权威媒体《深圳晚报》头版刊登悬念广告“一瓶油 2 万谁干的！”微博微信迅速同步扩散，短短两天，突破千万话题讨论量！让“双一万”成功成为 2017 年夏提案“最热”的民生话题！

一瓶油要卖 2 万元吗？这是神油吗？答案揭晓后，读者恍然大悟，原来并不是一瓶油卖 2 万元，而是金龙鱼公司独创了“酶法脱胶”低温萃取专利技术，将稻米油的两大核心营养指标——谷维素及植物甾醇的平均含量同时稳定在 10000ppm，营养与品质达成黄金平衡点，这就是稻米油业界大名鼎鼎的“双一万”。比起日本同行采用的传统提炼工艺，“酶法脱胶”属于绿色生物技术，更为环保，能保留更多的原始营养，且成品得率高达 70%以上，达到世界最高水平。

2018 年金龙鱼稻米油在日本正式上市。金龙鱼稻米油在日本超市上架后，引起东京市民排队购买。一瓶稻米油为什么会引起日本业界如此关注？作为稻米油研发的直接参与者，益海嘉里研发中心产品经理王勇表示：“我们的产品品质经受住了考验，但我感觉，最让日本人震惊的，是我们这么大、这么持久的投入，是我们十年来为研发这个油所做的巨大付出，那是一种他们不易理解的信念。”

稻米油是业界公认难炼的油品，不仅工艺复杂，成油也不易。10年前，当益海嘉里决意进入这个领域的时候，几乎没有人知道如何开始，没有任何经验可循，从设备到技术都是一片空白，一切都从0开始。

天道酬勤，在金龙鱼人不分昼夜的努力与坚持下，经过反复实验改进，金龙鱼研发团队开创了“膨化保鲜法”和“鲜胚制油”技术以及“分散保鲜、集中制取、集中精炼”的全新稻米油产业链生产模式。可以最快6小时实现米糠原料保鲜并萃取出稻米油。

十年磨一剑，时代在变，初心不变；理念在变，使命不变；技术在变，品质不变；足迹在变，雄心不变。在时代的潮流里，“金龙鱼”正疾迅游弋，默默践行着匠人匠心出精品的理念，也推动着中国制造的创新实践。

中国古代有四大发明，是中国古代劳动人民的重要创造，造纸术、指南针、火药和印刷术。2017年，在一项由“一带一路”沿线20国青年参与的评选中，高铁、支付宝、共享单车和网购被称作中国“新四大发明”。曾以古代“四大发明”推动世界进步的中国，正再次以科技创新向世界展示自己的发展理念。中国从古至今就有创新创造的能力，中华民族依靠勤劳和智慧创造了光辉灿烂的文化，创造的品质已经沉淀在我们基因之中。中国自古就不缺“工匠精神”，今天的我们，应重拾工匠精神，重振中国制造业，让中国从制造大国走向创造大国，让“中国制造”走向“中国创造”！

万里长江第一桥：工匠精神筑就的典范

武汉长江大桥，是万里长江第一桥，也是武汉地标建筑。

2017年10月15日，是武汉长江大桥60岁的生日。60年前，武汉长江大桥在举国期盼下正式建成通车。“一桥飞架南北，天堑变通途”，自此，中国的桥梁建设和交通格局正式开启新的篇章。

要说武汉长江大桥的故事，一定得从它“诞生”之前说起，这座由当时中央人民政府政务院批示修建的工程，从一开始便注定了它的不平凡。如要追根溯源，武汉长江大桥修建的设想可以追溯到晚清、民国时期。当时，许多仁人志士都有过修建长江大桥的梦想，甚至进行过规划、测量、钻探等实际行动，如詹天佑、茅以升等，就先后为之努力过。1913年，詹天佑组织人员对武汉长江大桥的桥址进行初步的勘探和设计，孙中山先生在《治国方略》中也提出过造桥的规划，但是因经济、政治、社会等各种因素，长江大桥的修建一直都未能付诸实践。

1949年底，刚刚成立了3个月的中央人民政府就发出了在武汉建大桥的指示。1953年2月18日，毛泽东专程来到武汉，亲自听取了中共中央中南局关于武汉长江大桥初勘设计情况和大桥建设汇报，并登上蛇山，视察大桥桥址。

1955年9月，经过大量的试验工作后，大桥正式开始施工。主桥及两端引桥由大桥工程局施工，两岸的联络线及跨线桥等工程分别由汉阳工程段和中国人民解放军铁道兵施工。大桥的施工工程全面铺开，得到了全国各地的支持，湖北省和武汉市支援了大批技术工人和民工。

就在全国上下殷切期盼大桥早日建成的时候，一个工人的意外发现，竟然让大桥建设停止了 4 个月之久。事情是这样的，当时一个工人在施工的过程中，发现有一些铆钉没有完全填满钉孔，最大的间隙有 2 毫米。这个消息传到了当时大桥局局长彭敏的耳朵里，听到这个消息，彭敏立即叫停了所有铆合工作，不仅如此，他还撂下了一句狠话："铆合质量不解决，钢梁停止向前拼装！"而因为铆钉存在误差，之前安装的所有铆钉要统统返工，而这次返工拆掉的铆钉数量超过 3 万个。而时隔多年人们才发现，即便是当时被认为不合格的铆钉，误差也不到 3 毫米，这个误差在当时已经是非常小了，可见当时大桥工匠们一丝不苟、精益求精的态度。

"匠心"实现科技创新，科技创新成就大桥之梦。武汉长江大桥修建时所创造的建桥新技术直到现在仍为人所称赞，其中不得不说的便是首创"大型管柱钻孔法"。当年修建大桥时，由于长江水深流急，地质复杂，世界上已有的大桥基础施工方法均不能解决深水施工的难题。于是苏联专家创议用管柱钻孔法建筑桥墩，这种方法在当时是世界上首创，但只是在理论上能够实现，还从没有在实践中检验过，即使在苏联国内也从未实施过。为了掌握这种在当时非常先进的技术，中苏工程人员在长江北岸龟山、凤凰山山麓及江心连夜苦战，进行了一系列艰苦的试验，建起了 35 个试验管柱，最终试验成功，并立即应用在长江大桥的建设上。由于这种方法比之前的气压沉箱法更容易操作，使得大桥的工程效率大大提高，为大桥的提前建成起到了重要的作用。

没有哪一座建筑，像武汉长江大桥这样引起过一代伟人毛泽东如此多的关注，他曾四顾建桥工地。1956 年，毛泽东写下了著名的《水调歌头·游泳》："才饮长沙水，又食武昌鱼。万里长江横渡，极目楚天舒。不管风吹浪打，胜似闲庭信步。今日得宽余，子在川上曰：逝者如斯夫！风樯动，龟蛇静，起宏图。一桥飞架南北，天堑变通途。更立西江石壁，截断巫山云雨，高峡出平湖。神女应无恙，当惊世界殊。”词中的“一桥”指的是武汉长江大桥，“堑”的意思是交通的沟。

1957 年 10 月 15 日，武汉长江大桥从开工到建成通车，用了两年零一个月，比国家规定的工期提前一年零三个月。整个中国在这一天将所有的目光投向武汉，大家纷纷来到桥上庆祝这伟大工程的胜利建成。国人在这一天圆了近半个世纪的梦想，结束了轮渡过江的历史，武汉长江大桥连通长江南北，长江天险成为通畅的大路。

60 年岁月磨砺，成就了中国桥梁界一棵“不老松”，见证中国桥梁史上最执着的坚守。60 载春秋风雨，三代养桥人的虔心呵护和默默奉献，铸就了一座历史丰碑。

2017 年 10 月 15 日，武汉长江大桥迎来 60 周岁华诞。这是安全畅通的 60 年，也是见证奇迹的 60 年，更是“工匠精神”延续的 60 年！在这 60 年里，武汉长江大桥历经 7 次较大洪水、77 次轮船擦碰的考验。从最近的一次“体检报告”总体评价来看，大桥 8 个桥墩无一裂纹，无弯曲变形，百万颗铆钉没发现松动，全桥无重大病害。

可以说，武汉长江大桥不是靠金钱建起来的，而是靠每一位大桥工匠们的“工匠精神”筑起来的。每一次拼装、每一颗铆钉都载满了“匠心”，精神的力量是伟大的，是“工匠精神”创造了今天的大桥奇迹。

武汉长江大桥，半个多世纪里屡遭船撞击，一直坚挺无比，老而弥坚。假如，把 60 年前的大桥比喻为呱呱落地的婴儿，把 60 年后的大桥比喻为历经风霜的“天命”壮汉，那么，悉心呵护大桥健康成长的“保姆”，则是一群少为人知的养桥工人。

在这 60 载春秋风雨的背后，离不开一代代养桥人的虔心呵护和默默奉献，敲击钢轨、复紧螺栓、清理异物、铲除锈迹……他们日复一日保护着桥梁的正常运转，作为长江上自投入使用后营运时间最长、运量最大、荷载最大的桥梁，武汉长江大桥从未发生过一起铁路行车责任事故。

如果说武汉长江大桥是靠“工匠精神”筑的桥，那这样辛勤的养桥人则是靠着“工匠精神”护着桥。工匠精神就是专注与坚守，这些大桥工匠们用自己的“匠心”诠释着“工匠精神”，创造着大桥奇迹。

“一桥飞架南北，天堑变通途。”这座“飞架南北”的桥是一座历史的丰碑，丰碑上镌刻着“工匠精神”几个大字，笔力遒劲，直指人心！这不正是我们这个时代需要的伟大的创新精神吗？！2018 年开通的港珠澳大桥续写着这种时代精神。

港珠澳大桥：新时代的又一座历史丰碑

2018 年 10 月 23 日上午，港珠澳大桥开通仪式在广东珠海举行。中共中央总书记、国家主席、中央军委主席习近平出席仪式并宣布大桥正式开通。25 日上午 9 点，受到国内外多方关注的港珠澳大桥正式建成通车，举世瞩目的港珠澳大桥东接香港，西接珠海、澳门，全程 55 公里，是世界上最长的跨海大桥，也是中国交通史上技术最复杂，建设要求及标准最高的工程之一，被英国《卫报》誉为“新世界七大奇迹”。

在大桥的建设过程中，中国的科学家和工程师们创造了 400 多项新专利，让这座大桥拥有了 6 项世界之最：“最长跨海大桥”“最长钢铁大桥”“最长海底隧道”“最大沉管隧道”“最精准‘深海之吻’”“最深隧道”。

建设港珠澳大桥的设想最初在 1983 年提出。大桥的建成将对珠江三角洲地区的很多方面产生重大影响，作为连接粤港澳三地的跨境大通道，它被视为粤港澳大湾区互联互通的“脊梁”，可有效打通湾区内部交通网络的“任督二脉”，从而促进人流、物流、资金流、技术流等创新要素的高效流动和配置，推动粤港澳大湾区建设成为更具活力的经济区、宜居宜业宜游的优质生活圈和内地与港澳深度合作的示范区，打造国际高水平湾区和世界级城市群。但碍于各种资金不足、技术水平不够的现实因素，在 20 世纪 80 年代初期这只能是个美好的梦。

“如果在珠江口建一座穿越伶仃洋、连接珠江东西两岸的跨海大桥，可以打开珠江西岸制造业的出海口，也能让香港繁荣的商业辐射到这里。”回忆起 35 年前提出的大胆设想，83 岁的香港实业家胡应湘仍激情洋溢（2018 年）。缩短三地陆路的距离，促进交流与经济发展，是粤港澳三地百姓的夙愿。

2005 年，建设港珠澳大桥的方案一经提出，就引发了各界的关注。外界之所以特别关注港珠澳大桥，其实就是因为一个字：难。港珠澳大桥工程规模大、工期短，技术新、经验少，工序多、专业广，要求高、难点多，为全球最长跨海大桥，在道路设计、使用年限以及防撞防震、抗洪抗风等方面均有超高标准。工程体量之巨大，建设条件之复杂，是以往世界同类工程没有遇到的。而当时的现状是，在沉管隧道领域国外技术水平更高，中国的技术无法望其项背。港珠澳大桥由桥梁、人工岛、隧道三部分组成，其中，岛隧工程是大桥的控制性工程，需要建设两座面积各十万平方米的人工岛和一条 6.7 公里的海底沉管隧道，实现桥梁与隧道的转换，这是大桥建设技术最复杂、建设难度最大的部分，极具挑战性。我们不难想象，在如此浩大工程的背后，参与的工程师们遇到过多少外界的阻力。

林鸣 2005 年起参与港珠澳大桥前期筹备工作，2012 年 12 月开始担任港珠澳大桥岛隧工程项目总工程师。① 港珠澳大桥有三大重点工程：外海造岛、沉管对接和索塔吊装，其中外海沉管隧道及对接技术是核心工程。在港珠澳大桥之前，全中国的沉管隧道工程加起来不到 4 公里，而且，这是我国第一次在外海环境下建沉管隧道，可以说是从零开始。

2007 年，为了准备这个工程，工程师们全球去考察，当时世界上有两条超过三公里的隧道，一个是欧洲的厄勒海峡隧道，还有一个是韩国釜山的巨加跨海大桥，韩国一家非常厉害的公司在主持这个项目，安装的部分，全是欧洲人提供的这方面的支持，每一节沉管安装的时候，会有 56 位荷兰专家从阿姆斯特丹飞到釜山给他们安装。考察团到釜山去考察时，向接待方提出，能不能到附近去看一看他们的装备，被他们拒绝了。

从釜山回来后，林鸣更加坚定决心：港珠澳大桥一定要找到世界上最好的、有外海沉管安装经验的公司来合作。于是，他们找到了当时荷兰一家世界知名公司寻求合作，人家开了个天价：1.5 亿欧元！当时差不多约合 15 亿元人民币。谈判过程异常艰难，最后一次谈判时，林鸣跟谈判员说，你给他们说一个价，3 亿元人民币。3 个亿，一个框架，能不能提供给我们最重要的、风险最大的这部分的支持。但是，荷兰人是这么说的，我给你们唱首歌，唱首祈祷歌。

“天价”的技术咨询费用，而其他国家的技术无法照搬套用，摆在面前的就只有一条路可以走：自主攻关！

自主创新，打一场人类历史上史无前例的“桥梁攻关战”！别无选择往往就是唯一的选择！

一切从零开始！

---

① 参见“港珠澳大桥上的工匠精神”：https://www.sohu.com/a/197633918_771089，2018 年 12 月 18 日浏览。

这是一条充满艰难险阻的道路，却也是林鸣团队不得不选择的道路。没有了荷兰技术上的支持帮助，林鸣团队面临的最大难题莫过于要将33节钢筋混凝土管在水下50米深处，安装成长达6.7公里的海底通道。林鸣曾这样比喻过安装的难度："相当于连续33次考上清华。"

这些重达8万吨，长180米，宽38米，高11.4米的钢筋混凝土管要深埋至伶仃洋之下，必然不是只靠时间和人力物力的投入就能顺利安装。林鸣与他的团队连着奋斗了5天4夜，耗时96小时，海底隧道的第一节沉管成功安装。第一节沉管安装仅仅是开始，林鸣团队用了七年的时间花费50万吨钢材230万吨钢筋混凝土，避开每天4000艘海船和1800多架航班的密集通行，还要克服伶仃洋上出现的地震等各种突发现象的难题。港珠澳大桥主体工程的总工程师林鸣，为了工程的顺利完工，从工程的开始到结束，整整瘦了40斤。

2017年5月2日早晨日出时分，海底隧道最后一节沉管的装置终于完成了，船上一片欢呼。这象征着世界最大的沉管隧道也就是港珠澳大桥沉管隧道顺利合龙。

在国内外各大媒体都在为这项超级工程的完美闭幕喝彩时，林鸣却在焦急地等待最终的误差丈量成果。结果出来了：误差16厘米。16厘米，这对于水密工程而言算是成功的。并且我国的规划师、工程师以及瑞士、荷兰的参谋等，大多数人也都认为这是大功告成，没有问题了。但林鸣却坚定地说：不可！重来！

面对着暗潮汹涌的大海，将本已完工固定在深海基槽、重量高达6000多吨的大家伙重新吊起再一节节从头对接，一旦出现失误，后果将不堪设想。当所有人都劝他算了的时候，顶着巨大外界压力的他，心里却有一个声音："如果不调整，这将会是自己职业生涯和人生中一个永久的误差。”

“经验是试出来的，质量是磨出来的。”这样一种极致求精到近乎偏执的执着，让他将买好机票准备回家的外方工程师又“抓”了回来。误差最终从16厘米减少到了不到2.5毫米，缩小了几十倍的差距，而这个雕琢的过程，花了他们整整42个小时。不放过任何一丝一毫的细微误差，这不仅是林鸣对自己人生设立的目标，也是一种对职业尽职尽责的态度，更是对工作精益求精、追求卓越的品质精神。凭着这股子认真劲，大桥的建设者们创造了“极限3毫米对接偏差”“最终接头毫米级偏差”等一项项震撼人心的纪录，圆满完成了33节巨型沉管和最终接头安装的施工任务，创造了外海沉管隧道滴水不漏的建设奇迹。

这样一座被称为“世纪工程”的大桥背后，必然有着无数个工程师夜以继日的专注与投入。在港珠澳大桥建设的技术团队中，一直流传着这句话：“如果说总工程师林鸣是大桥岛隧建设的‘船长’，那么高纪兵和他的技术团队就是岛隧建设的‘水手’。”

7年前，林鸣带着桥梁建设经验丰富、在一线工作了十年的工程师高纪兵，来到港珠澳大桥岛隧，负责大桥岛隧工程的技术研发工作。从此，他们便开始了这场世纪工程的逐梦之旅。多年以来，高纪兵和技术团队合力攻坚克难，为大桥岛隧建设提供了扎实的技术支撑。海上快速成岛、海底铺设隧道、外海沉管安装成套技术……这些在国内乃至全球都位居前列的先进技术，正是由高纪兵和他所在的技术团队参与并实现的技术创新。

高纪兵本人也曾表示，保持对专业技术的热爱是一名工程师最基本的素养。他们不断地打磨技术，用科学技术去探索去发现建设过程中的不足和可以改进的地方。在现有技术上不断尝试创新，才能以更好的方式去应对重重难题。

一个优秀工程师应该是“科学家与工匠”的结合体，前者就是通过专业能力不断钻研、发现，而工匠精神则是让理论创新付诸行动，解决实际问题。事实上高纪兵确实做到了，凭借对技术的钻研和热爱，他在这座大桥上收获满满，取得了近十项省部级科技奖项、十余项专利，被授予第五届“中国交建集团十大杰出青年”荣誉。他说：“创新要敢于运用科学的手段做决定，要扛得住外界的压力。不仅要完成这项创新，而且你还要把这项创新做到完美。”

晴空万里，港珠澳大桥如一条巨龙，舞动在潋滟波光之上，寄托的是国家强盛之梦，展现的是“中国道路”和“中国桥梁”的精彩卓越。胡应湘感慨地说：“没有今日之中国，港珠澳大桥永远是个梦想。”

交通枢纽是一座现代化城市不可或缺的部分。横空出世的港珠澳大桥，不仅能对香港、澳门、珠三角地区的发展起到推动作用。放眼未来，大桥将连起世界最具活力的经济区，这样一个快速通道的建成对香港、澳门、珠海三地经济社会一体化意义深远。这座桥跨越伶仃洋，东接香港特别行政区，西接广东省珠海市和澳门特别行政区，总长约 55 公里，是“一国两制”框架下粤港澳三地首次合作共建的超大型基础设施项目、跨海交通工程。大桥开通对推进粤港澳大湾区建设具有重大意义。

东接香港，西接珠海、澳门的港珠澳大桥的建成，让港澳两地正式接入国家高速公路网。粤港澳区域的道路交通网被打通，形成了真正意义上的环珠江口轴线的三角形。这也生动诠释了十九大报告中“支持香港、澳门融入国家发展大局”的精彩篇章。

大桥的建成使车程仅需半小时成为可能，粤港澳形成的这种“一小时交通圈”，促进粤港澳的互联互通，对大桥连接的三地间的交通提供了极大的便利。从此，港珠东西，长虹卧波，天堑南北，通途无阻。从此，大桥的连通不再是梦。

港珠澳大桥沉管隧道，是我国建设的第一座外海沉管隧道，也是世界上最长的公路沉管隧道和唯一的深埋沉管隧道，在建设过程中，林鸣和他的团队对沉管的设计、生产和安装技术进行了一系列创新，为世界海底隧道工程技术提供了独特的样本和宝贵的经验。跨海大桥梦的助力者除了总工程师林鸣外，还有着太多这样默默无闻却力图将自己本职工作做好的工程参与者。我们很难想象，在如此浩大工程的背后，凝聚了多少默默无闻建设者的心血。中国工程师用这样一份优秀的作品向世界证明，大国工匠有着无限可能！

港珠澳大桥的建成通车，极大缩短香港、珠海和澳门三地间的时空距离；作为中国从桥梁大国走向桥梁强国的里程碑之作，该桥被业界誉为桥梁界的“珠穆朗玛峰”，被英媒《卫报》称为“现代世界七大奇迹”之一；不仅代表中国桥梁先进水平，更是中国综合国力的体现。建设港珠澳大桥是中国中央政府支持香港、澳门和珠三角地区城市快速发展的一项重大举措，是“一国两制”下粤港澳密切合作的重大成果。

港珠澳大桥，是创新精神与工匠精神完美结合的典范，成为我们走进新时代的又一座历史丰碑！

历史铭记的是一座桥，桥上镌刻的却是一段难忘的历史！

第十章　创意思维训练方法与创新素养

思维体操

一个人如果仅仅有很多知识，只能算一个移动硬盘；一个人如果仅仅熟练掌握了各种技能，最多算一个匠人；一个人如果只会思考而欠缺知识和技能，只能算一个空想家。如果想成为真正具有创新实践能力的人，则要同时具备三个方面的因素：其一是知识与技能，其二是思维方法，其三是创新素养。一个人的创新能力是三种因素综合作用的结果。

知识需要积累，能力需要提高，思维方法重在训练，而创新素养在于生活中的修习与涵养。“修合无人见，存心有天知。”创新素养之于创新能力尤为重要。

“思维体操”

1973 年，马丁·库帕从电视剧《星际迷航》中获得灵感，发明了手机；1816 年，法国医生雷奈克受两个玩木头的孩子的启发，发明了听诊器；19 世纪的伟大作曲家肖邦看见一只小狗咬着自己的尾巴团团转，谱出了经典名曲《圆舞曲》……著名教育家刘道玉先生为大家列举了灵感来源的八种途径，而连接灵感的中介则是好奇心和联想。①

“在物质世界中，思维的速度要远胜于其在连接体中的运行速度，思维可瞬间在无穷的空间内飞驰，它进行的速度无限大，几乎数十亿倍于光速。”②人类的思维拥有着无穷的潜力，你是要做一只四处闪现精准目标的兔子，还是一只青蛙坐在井底看着上方的天空，这取决于你挖掘了多少思维的潜力。

创新能力的提升并不能只注重一日之功，而是需要长时间的积累和锻炼。为了提高中学生的身体素质，就需要做广播体操，要想保护眼睛需要做眼保健操，那么对于我们的思维，如何才能够让其得到锻炼，达到修习提升的效果呢？我们提出了“思维体操”的概念，其核心就是不断地激发人的好奇心，不断地拓展和丰富人的联想力。

思维体操的方式非常灵活，它不受时间、地点的限制，可以利用闲暇碎片化的时间，可以在走路、运动、等人时训练，在某一灵感涌现时也可以做更为深入周全的思考；同时也不受内容的限制，可以天马行空，无限放大你的想象力。

每天做“思维体操”，在不停地阅读中、生活观察中去获取知识，在闲暇的碎片时间中做“思维运动”，为自己带来更多新的思考方向。一天想出 3 个创意，3 年就可以积累 1000 多个，这 1000 多个点子在脑海中可以反复打磨，这是能帮助你在残酷的市场竞争中脱颖而出的重要方法。

可能有人会有疑虑，每天在工作、学习中已经在不断地用脑思考了，还要如何锻炼呢？思维体操也如广播体操一般，有其规律和方法可言，

---

① 刘道玉：《创新创业的灵感从哪儿来》，《光明日报》2017 年 6 月 13 日 13 版。

② ［英］东尼·博赞：《博赞创新思维技巧：解密天才的思考方程式》，卜煜婷译，化学工业出版社 2017 年版，第 203 页。

并不是随意地动脑，而是通过特殊的训练方式，来让大脑更加活跃，更有创新能力。

首先，思维体操的出发点应该是“生活中的痛点”。比如说出国出差的时候，没有热水喝是很让国人头疼的一件事，那么有没有那种可以方便携带可加热的水杯或者烧水壶呢？比如在办公室很多人都有午休的习惯，那有没有什么设计能够既是舒适的座椅，在展开时又能是符合人体曲线的躺椅呢？下雨的时候雨伞收起来水会沾到身上，有没有办法可以避免呢？不断去思考人们生活中还有哪些不便之处，不断地去发掘并解决人们的潜在需求，不断地想能否创造出新的需求。这种从痛点出发的想法更能够解决问题，更能在实践中取得显性化的成果。

有了痛点后，如何有针对性地解决痛点呢？训练的时候可以遵循这三个原则：增加、减少、合并。比如上文提到的水杯，如果想要喝热水，是否可以给杯子增加充电的功能？所以充电一体式的便携水杯应运而生，但是使用体验不佳，因为太重，不易携带。那么这又给了我们另一个启示，是否可以减少它的重量？所以最新在市面上出现了可折叠的插电烧水壶，就是减少了物体的体积和重量，能够解决消费者的痛点问题。同样雨伞的痛点也是如此，反向的收缩伞近年来也大受欢迎，但是体积还是比较大，不方便放入包内携带，那么是否还能改进？提到香烟，很多人的痛点是想要抽完烟后仍然有清新的口气，那么这个时候是否能够将香烟的设计和口香糖合并在一起？在一款包装里能够同时包含这两种东西，就能解决消费者的痛点问题。如果再进一步思考，口香糖可能还有需要找到地方吐掉的困难，那么开发出不用吐掉的口香糖是否会更好？

爆品战略研究中心创始人金错刀也同样重视基于“痛点”思考的创

新，并提出了“微创新方法论”，包括三个层面：

（1）一定要想办法找到什么是我们的痛点，怎样在用户层面微创新。

（2）尖叫点思维：怎样在产品上微创新。

（3）爆点思维：怎样在营销上微创新，怎样通过互联网营销引爆市场。

除了三个训练原则，还可以参考四个创意维度，现象级传播可以从这四个维度去整合驱动，这四个模块分别为：话题创意、内容创意、产品创意和资源创意。

话题营销就是要制造吸引眼球的话题、事件，同时引起网民的自发性参与，从而让话题火爆。例如，不久前微博上出现了这样一则新闻：深圳街上一对新人准备拍婚纱照，谁知姑娘将自己化装成 70 岁老太模样，问男友 70 岁时是否会爱她，并要以老年妆与其拍照。男子要求女友重新装扮未果，当街怒吼扬长而去，只留女子当街痛哭。这段视频被“偶然”路过的记者录下来传到微博上后引起轩然大波，随后的几天里，近 70 家热门媒体关注，并吸引外媒报道，视频网站点播过万，微博话题#70 你还爱我么#高居热门话题榜第 4 位。但实际上这是深圳一家刚刚面向市场的果本精华油品牌打造的营销战役，随后，他们发起了“全民试爱”的果本精华油的实体试用活动。这一场话题营销让网民、媒体自发性地参与进来，扩大了话题参与度，同时也提高了品牌关注度。

内容创意也就是我们通常所说的文案上的创意，这种思考方法需要和产品很贴合，不仅能够体现产品特性，更能够打动目标消费者的心，展现其定位和品牌文化。比如沃尔沃轿车 2015 年新款 XC60 的广告标语就是：别赶路，去感受路。话语简短却充满人生哲思。这个让人不禁想到当年利群香烟的广告：人生就像是一场旅行，不必在乎目的地，在乎的是沿途的风景以及看风景的心情。同样是车类广告，别克君越的广告语“不喧哗，自有声”，既体现了车的性能，也是在讲述谦谦君子的处世之道。

产品创意就是如何在产品之上让其别出心裁，华美月饼在行业内处于领军地位，在包装上，也玩出了新意，推出了“会说话的月饼”，通过扫描二维码录制并传递祝福；后来又策划了“爸妈专属月饼”，将月饼盒改成相册，送出的不仅是给爸妈的祝福，更是一份回忆的温暖。

所谓资源创意也就是我们通常讲的跨界营销，资源整合。比如我们看到满城的共享单车，那是否就可以想想，有什么资源可以与此整合，于是很快就能想到共享单车上可以做成行走的广告，可以打造成“共享单车＋Anything”的市场。可口可乐可以说是市场潮流界的老顽童了，在历史潮流的更迭之中，红色的可口可乐却在每个年代都扮演着弄潮儿的角色，当然它也不甘心只做一瓶可乐，凭借着潮流的细胞融入潮流服饰、化妆品、箱包等各行各业之中。

四个领域内都只是整个创意模式中的一块，随意摆弄，自由转动又可以有不同的效果，又会迸发出不同的创新想法。创新需要思维非逻辑的发散，要从全方位多角度进行观察。

一个圆，在普通思维中是平面中的几何图形，但在发散思维下，它可以是一个皮球、一面镜子、明媚的太阳、街边的井盖……就如同魔方一般，不同的旋转方式会有不同的颜色搭配，这些创新的思维训练方法帮助我们突破原有知识圈和思维定势，通过知识观念的重新组合，寻找更多的设想和答案，真正做到思接千载，视通万里。

对于思维体操希望得到的方向，要力求达到独特性，不仅竞争对手无法提出，而且能够引起社会广泛认同。正如罗瑟·里夫斯(Rosser Reeves)在20世纪50年代初提出USP理论一般，USP理论要求向消费者说一个“独特的销售主张”(Unique Selling Proposition)。

在这个到处都是产品的时代，在这个到处都是点子的时代，如何能够在星星之火已经燎原的大地上，燃出一道与众不同的光，如何去创新创造一番新的天地，需要你有更吸引人、更打动人的idea去达成人们的ideal，而思维体操说不定能为你带来一道不一样的光，让你去点燃。

生命在于运动，动则不衰，用则不退。思维何尝不在于“运动”。人怕不动，脑怕不用。思维体操就是让思维经常处于“运动状态”。

思维体操，思维飞扬，创意无限！

思维导图

人的左脑和右脑各有分工，左脑主要负责逻辑思维，思维方式具有连续性、延续性、分析性；右脑负责形象思维，思维方式具有无序性、跳跃性、直觉性。思维导图就充分利用了左右脑的分工，在不断发散的过程中使用左脑，再运用右脑加上多种颜色、元素的视觉呈现。聪明的空间运用，合适的色彩搭配，充分调动大脑，在思维模式中增加了额外的力量、色彩和空间。

思维导图又被称为脑图、心智地图、脑力激荡图、灵感触发图，是由英国学者东尼·博赞创建的一种图像式思维的工具以及一种利用图像式思考的辅助工具。思维导图法是使用一个中央关键词或想法引起形象化的构造和分类的思维方法，它用一个中央关键词或想法，通过辐射线形连接所有的代表字词、想法、任务或其他关联项目。

大岩俊之在《实用性阅读指南》一书中提道:“思维导图是一种思考方法，是将我们头脑中正在思考的内容，以可视化的图形呈现出来的思考工具。”①

思维导图法是一种有效的思维模式，有利于人脑扩散思维的展开，借助可视化手段促进了灵感的产生和创造性思维的形成，所以一经推出，就被广泛运用。美国波音公司在设计波音747飞机的时候就使用了思维导图法，相较于普通方法六年才能完成项目设计，思维导图法帮助他们的工程师仅用了六个月的时间便完成了波音747的制造。

思维导图可分为两种类型，一种为联想思维导图，另一种则为分类分层思维导图。

联想思维导图用来做事物联想的记忆图，通过树状结构和图像辅以颜色、符号、类型和关联来画联想思维导图，实现思考联想的延展。

在思维发散的过程中，联想思维导图能够建立联想中心主题，使思考不至于离题;同时帮助大脑联想并进行记录，最终帮助思考和决策。如图10.1所示。

分类分层思维导图通过把事物分门别类的记录来实现知识的可视化划分，能够有效代替传统的笔记方式，在大脑中建立整体架构，帮助记忆和学习。我们在阅读完一本书后形成的思维导图便是分类分层形式的思维导图，它能够有效地帮助我们梳理文章架构，理解文章内容，记忆文章观点。如图10.2所示。

思维导图是左脑的逻辑思维和右脑的形象思维的有机结合，能够促进归纳概括、联想能力，通过思维可视化和可操作化，培养创造性思维技巧。

---

① [日]大岩俊文:《实用性阅读指南：把读到的知识转化成能力》，陈怡萍译，江西人民出版社2017年版，第42页。

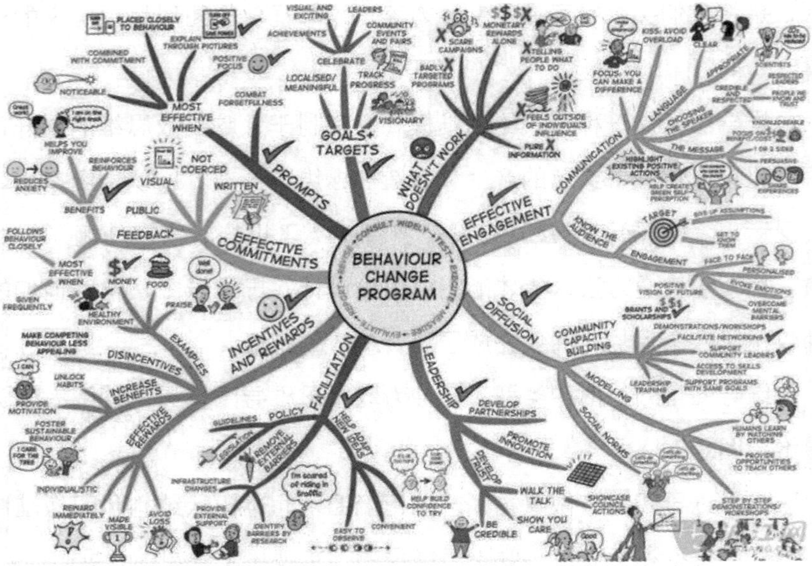

图 10.1　联想思维导图

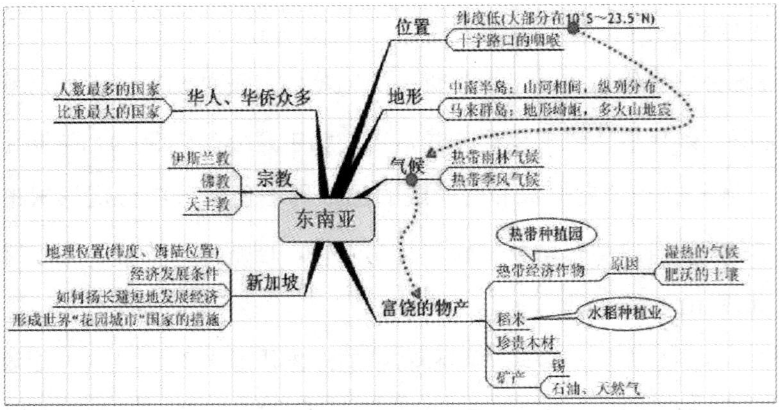

图 10.2　分类分层思维导图

如何有效利用思维导图法?

思维导图的构建可以分为五大步骤:

(1)思维导图构建工具的使用较为灵活，可以采用计算机软件进行绘制，也可以在白纸上进行思维导图绘制。若使用手绘思维导图，则需要准备：A3或A4大小的纸张，颜色丰富、色彩明亮的涂色笔，一支钢笔。

(2)将主题摆在中央，向外扩张分支，让大脑思维自由自然地向任意方向进行发散。连接中心图像和主要分支，然后再连接主要分支和二级分支，接着再连接二级分支和三级分支，以此类推。

(3)使用“关键词”表达各个分支的内容，而非利用完整的句子进行记录。

将相关的内容放到同一分支上，每一内容如新的亚分支那样分散开来。使用符号、颜色、文字、图像和其他形象表达内容。图像要追求生动活泼。

(4)建立属于自己的风格，有利于发散思维的发挥和记忆。

(5)在完成每一个分支后，用不同的颜色将其框起来。

在创建思维导图的过程中，要注重思维导图的正确性和完整性，正确完整地表达和反映主题的相关内容；注重关键词的简洁性和结构层次布局的合理性，避免用过长的词组或是句子来替代关键词；利用简易符号和小图标来增加形象性；同时使用多种色彩和形状来增强作品整体视觉的美观性。

5W1H创意质疑法

正如英国作家吉卜林所言：“我有六个诚实的仆人，他们教给我一切。”这六个仆人其实是指英文单词中的“who，what，where，when，why，how”。

5W1H 在创意思维过程中，也发挥着极为重要的作用。它是我们在解决任何事情或是问题时都会涉及的设问原则。熟悉这种有系统的质问技巧，能够帮助我们找出问题的真正根源所在，创造出可能的改善途径。正所谓办法是想出来的，而问题是问出来的。

5W1H 由六大关键词构成。

Who 意指何人。人是一切事物的中心和主体。解决问题要以人为本，从人的视角出发。

What 意指何事，唯有充分了解待解决事物才能够提出更有针对性的解决方法。因此我们在运用创意质疑法时，先要对目标对象进行充分的调研和深度的了解。

Where 意指何地，深入地了解一个问题，不仅要知道这个问题是什么，还要深入了解其发生的地点。冬天卖雪糕看似是亏本的买卖，但如果将地域放置在拥有暖气的东北或是炎热的热带地区，一切便又顺理成章。

When 意指何时，中国古人成事讲究“天时地利人和”，天时就意味着完成一个事情要考虑时间的因素，同一事情放在不同的时间做会收获完全不同的效果。在互联网刚刚在中国兴起时，便有不少眼光独到、嗅觉敏锐的企业家创办电子商务平台，却无一不被拍死在时代的洪流之下，成为互联网发展的祭品和试错石。而马云则在互联网渐趋成熟后，创办阿里巴巴，发展电子商务，一举获得成功。

Why 意指为何，只有多问为什么，才能够追根溯源，充分地了解事物，准确地提出解决办法。

丰田公司就通过连续询问六个为什么，追根溯源，发现事物的本质，解决了一台生产配件的机器在生产期间突然停机的紧急事故。

答：因为保险丝断了。

答：因为超负荷而造成电流过大。

答：因为轴承枯涩不够润滑。

答：因为油泵吸不上来润滑油。

答：因为抽油泵产生了严重的磨损。

答：因为油泵未装过滤器而使铁屑混入。

How 意指如何解决，通过对前面五个问题的充分了解和论证，How 成为最终的落脚点，帮助寻找到具有创意性的解决方案。

对 5W1H 法的运用，绝不是简单地完成这一套流程，实现对六个问题的追问，而应该做到 n x 5W1H。 n x 意指重复多次，意味着在了解问题、寻求答案的过程中，应该不停重复这一过程，不是只问一次，还要多询问几次，直到穷其本源，寻找到问题的解决之道。

创意质疑法需要技巧。

对 What 的质问可以从以下角度进行发问和思考：

做了些什么？

是否可以做些别的事？

为何要这么做？

做些什么较好？ 等等。

对 Who 的质问可以从以下角度进行发问和思考：

是谁做的？

为何由他做？

是否可由别人做？

谁最适合做这些事？ 等等。

对 When 的质问可以从以下角度进行发问和思考：

在何时做的？

为何要在当时做？

改在别的时候做是否更有利？

在何时做最好？

何时要完成？

需要几天才算合理？ 等等。

对 Where 的质问可以从以下角度进行发问和思考：

在何处做的？

为何要在该处做？

在别处做，其效率是否更高？

在何处做好？ 等等。

对 How 的质问可以从以下角度进行发问和思考：

为什么是这样做？

这样做有没有不好？

有没有更好的方法？

为什么不能用更好的方法？ 等等。

运用 5W1H 创意质疑法，是一个不断挖掘问题根因的过程。 通过反复进行 5W1H 的创意质疑，能够把问题逐渐引向深入，直到发现根本原因。 进而评估改变根本原因的最佳方法，从根本上解决问题。

下面是 5W1H 创意质疑法的训练题目：

训练一：请寻找一个对你生活造成不便的案例，如家门口的道路交通时常堵塞，利用 5W1H 创意质疑法探究问题产生的原因并提出解决方法。

训练二：找出两个日常生活司空见惯的现象，并使用 5W1H 创意质疑法寻找其不合理之处。

头脑风暴与奥斯本检核表法

亚历克斯・奥斯本是美国创新技法和创新过程之父。1941 年出版《思考的方法》提出了世界上第一个创新发明技法“头脑风暴法”。1941 年出版世界上第一部创新学专著《创造性想象》，提出了奥斯本检核表法，此书的销量达 4 亿册，一度超过《圣经》。

头脑风暴法就是基于讨论中互相启发想法、互相激励的现象而设计的思维训练法。头脑风暴法又被称为 BS 法、智力激励法。由美国 BBDO 广告公司的奥斯本首创，该方法主要由价值工程工作小组人员在正常融洽和不受任何限制的气氛中以会议形式进行讨论、座谈，打破常规，积极思考，畅所欲言，充分发表看法。

蒂娜・齐莉格在《斯坦福大学最受欢迎的创意课》中提道：“头脑风暴法是一种集体开发创造性思维的方法，就是让一群人聚在一起围绕特定的话题，自由地思考，大胆地提出各种想法。然后在他们观点的基础上建立新观点。如果运用得当，头脑风暴法可以帮你快速跳过浅显的答案，迅速找到高效、富有创造性的解决方法。”

在头脑风暴中能够产生联想激发，联想是产生新观念的基本过程。在群体讨论的过程中，任意一个新观点的抛出，都意味着新联想的产生，创意思维在不断的联想过程中被激活，形成新观念池，最终的创新便以这些不断被刺激的联想为起点。

同时，头脑风暴能够带来强烈的情绪感染、自由的发言环境、激烈的讨论氛围，使得人们能够相互影响、相互感染，形成热潮，从而突破固有观念的束缚，最大限度地发挥创造性的思维能力。而且在这种热烈的讨论中极大地催生了参与者的竞争意识，从心理学视角观察，当人类处于竞争环境中时，人的心理活动效率可增加50%或更多，这样能够让每个人尽力调动思维的创新性和活跃性，激发具有价值和影响力的独到见解和新奇观念。

头脑风暴能够给我们带来很多思维碰撞的火花，每个参与者在这个环境中都能表达自己最真实的想法和最想说的观点，从而形成思维的扩散和创意的累积。头脑风暴法最重要的，即要发挥互激效应。因此，一次成功的头脑风暴，应该是充分的、非评价性的、无偏见的交流。为了更好地运用这种方法，需要遵循以下四项原则。

(1)畅所欲言、大胆想象

参与者不应该受任何主观或是客观的条件限制，应该极力放松思想，让思维自由驰骋。从不同角度、不同维度、不同立场去大胆地展开想象，尽可能地打破常规、标新立异、与众不同，可以参考上述的各类创新思维方式，运用不同的思维方式去思考，力求提出独创性的想法。

(2)遵循延迟评判的原则

要坚持当场不对任何设想作出评价的原则，既不肯定或否定某个想法，也不针对想法发表任何评论性意见，更不能陷入自我批判，一切评价和判断都要延迟到会议结束以后才能进行。这样做一方面是为了防止评判带来的严肃气氛，以及评价机制会约束与会者的积极思维，破坏自由畅谈的有利气氛；另一方面是为了集中精力先大胆畅想，避免把应该在后阶段做的工作提前进行，影响创造性设想的大量产生。

(3)严禁批评

头脑风暴严禁批评，无论是批评还是自我批评都不能出现在头脑风暴过程中，否则会带来紧张和压抑的气氛，不利于思维的活跃和畅想。

(4)以量求质为会议目标

鼓励每一个参会者抓紧时间，尽可能多地进行思维的发散，创意的数量越多，具备创造性的思维在很大程度上也会越多。对质量的筛选是下一步的工作，不可以带到头脑风暴过程中。

为了保持持续的创新力，创立于2006年的武汉拓雅文化传播公司保持了良好的头脑风暴传统。每次一个项目需求从客户那边传递过来，公司的会议室就会坐满了人，大家只要有时间，都会暂时放下自己手头的工作，参加到一场热闹的头脑风暴会中来。通常，这样的头脑风暴会是由具体负责某个项目的经理发起的，他(她)会在会前一天就通过“钉钉”将项目背景、希望解决的问题发布给公司所有人，让每一位同事都有时间提前查阅资料或思考。

每场头脑风暴会会程都是极其简单的，大家进入会议室就会立刻进入“风暴眼”，开启一场剧烈的脑力激荡。通常，参会人首先探讨的是项目的核心内容部分，这部分的头脑风暴将采用“魔球联想法”——主持人会在会议室的白板中央用白板笔圈写一个“核心圆球”，然后大家就开始自由地“魔球发散联想”，围绕“核心圆球”展开不受任何评判、干扰地自由联想，主持人会把每一个发散点用新的圆圈标注出来，直到整个白板上布满了各个层级的“魔球”。

2015年9月，拓雅的项目经理接到了万达集团武汉中央文化区的投标邀请，要求为他们的一个“全学龄一站式精英培训教育基地”投资型写字楼项目策划一场全新的有创意的招商发布会。接到任务后，项目经理迅速开启了专项头脑风暴会。这次风暴会首先确定了“学”字为“核心圆球”，经过大家的头脑风暴，“学生”“学习”“学校”等成为了第一层“魔球”；紧接着“学生时代”“学校场景”“学习模式”成为第二层“魔球”；“开学迎新”“青春舞会”“毕业汇演”“校园歌曲”“重逢”等成为第三层“魔球”，直到最后风暴出一场以回归1994年大学迎新季学校场景，重现20世纪90年代校园活动的大型青春情景剧的全新创意和完整策划。11月15日，当客户凭着收到装帧成“大学录取通知书”形式的邀请函来到武汉大学大学生活动中心的现场时，惊喜地发现活动现场布景别具一格，一进入就仿佛回到了大学时代，各系的新生欢迎处、上下铺、黑板报、抱着吉他弹唱的长发青年，完全重现70/80后的青春记忆，让大学毕业多年的来宾都暗自慨叹。现场也吸引近万名武汉大学学生前来围观，大家纷纷拿出手机刷起了朋友圈，顿时前来一探究竟的学生越来越多。而场内活动也是精彩纷呈，现场一片热闹景象。除了情景喜剧等精彩绝伦的节目外，还有久违的老狼、香港歌手陈慧娴亲临现场，迎来了本次活动的高潮。在座所有来宾都跟着合唱，场内人头攒动，气氛嗨爆全场，大家在欣赏节目的同时也不忘拍照留念。整场活动形成了很好的病毒式传播效应。

层层抽丝剥茧和暴风骤雨般地高强度头脑风暴和脑力激荡，往往会让每位参会人在脑洞大开的同时，也产生自己的脑力被抽尽、知识被榨干的感觉，这种感觉直接会产生两种饥饿感：一种是真实的，耗费太多精力，大家都想吃点东西补充能量；一种是象征意义的，风暴过程中大家都会发现许多自己的知识盲点，有强烈的补强愿望。鉴于每次头脑风暴将团队的思维潜能逼向极致，拓雅的头脑风暴会在内部被戏谑地称为“逼疯堂”，也正是坚持和传承着这样一种“逼疯堂”精神，将强大的创新力发展成企业的核心竞争力，武汉拓雅文化传播公司才能不断在竞争激烈的公关企划市场与时俱进、开拓成长。如今公司已经将“一切为你更精彩”的标志性口号印在了每一位员工的名片上。公司的联合创始人兼策划总监骆炜巍曾说："为客户树立和宣传良好的品牌形象，为客户打造标新立异和具有传播爆点的公关活动是我们作为公关公司的立市之本，而要做到这一点，我们首先要做的事情就是创新、创新、再创新。"

因为只有创新，才能"一切为你更精彩"！

所谓检核表，就是围绕需要解决的问题或者创新的对象，将所有的问题罗列出来，然后一个一个来讨论，以促进旧的思维框架的突破，引向创新设想。检核表法因其适用于几乎任何类型和场合的创新活动，被称为创新方法之母。

当前，在不同的领域有着不尽相同的检核表，如卡耐基自省检核表、深化员工管理检核表等。但设计出世界上第一张检核表的奥斯本所创造出的奥斯本检核表法仍旧是知名度最高、应用范围最广的检核表，当前的很多版本也是以奥斯本检核表法为基础进行进一步的演绎。奥斯本检核表法的核心是改进，或者说，关键词是"改进"。通过变化来改进。其基本做法是：首先选定一个要改进的产品或方案；然后，面对一个需要改进的产品或方案，或者面对一个问题，从下列角度提出一系列的问题，并由此产生大量的思路；最后，根据第二步提出的思路，进行筛选和进一步思考、完善。

"创新发明最大的敌人是思维的惰性。"奥斯本检核表法恰恰能够帮助人们调动积极性，在人们思考的时候提高发现创新的成功率。固守于自己习惯的思维路径，思维目标不清晰，方向模糊，在进行创新思维训练时感觉到无从下手……这是很多人在创新过程当中遇到的问题，奥斯本检核表法为大家提供了基本的思路，能够让人快速集中精力，朝着各种目标去创新、创造。

奥斯本检核表法最初是为产品设计所应用，但目前已经广泛应用于各个领域，由九项检核内容构成。

(1)能否他用

现有的东西(如发明、材料、方法等)有无其他用途？ 保持原状不变能否扩大用途？ 稍加改变，有无别的用途？

这样的思维让我们的想象活跃起来，很多的创新产物都是寻常物件找到全新用途。 橡胶有何用处？ 传统思维认为橡胶可以制作轮胎，但一家公司提出多种不同的构想，把它制成床毯、浴盆、人行道边饰、衣夹、鸟笼、门扶手、棺材、墓碑……实现了产品的创新。

(2)能否借用

能否从别处得到启发？ 能否借用别处的经验或发明？ 外界有无相似的想法，能否借鉴？ 过去有无类似的东西，有什么东西可供模仿？ 谁的东西可供模仿？ 现有的发明能否引入其他的创造性设想之中？

电灯是一项伟大的发明，为人们带来光。 紫外线灯、红外线加热灯、灭菌灯都是在借用灯泡创意的基础上改变了光线的波长，形成了全新的用法。

(3)能否改变

现有的东西是否可以作某些改变？ 改变一下会怎么样？ 可否改变一下形状、颜色、音响、味道？ 是否可改变一下意义、型号、模具、运动形式？ ……改变之后，效果又将如何？

面包店的烘焙房通过排气扇将香味传递到屋外，能够很好地提升嗅觉诱惑力，吸引路边的行人，提升销售量。

(4)能否放大

现有的东西能否扩大使用范围？ 能不能增加一些东西？ 能否添加部件，拉长时间，增加长度，提高强度，延长使用寿命，提高价值，加快转速？ ……

这种能否再增加一点东西的发问极大地拓宽了人们的思维空间，推动了很多创新成果的出现。“能改变一下成分吗？”这样的发问使得牙膏中加入了一些新的成分配方，成为了具有美白、防蛀、治疗牙龈敏感等诸多功效的牙膏。

(5)能否缩小

缩小一些怎么样？ 现在的东西能否缩小体积，减轻重量，降低高度，压缩、变薄？ ……能否省略，能否进一步细分？ ……

乔布斯推出了有“世界上最薄笔记本”之称的 MacBook Air，主打超轻，超薄，超便携，全键盘的 13.3 英寸笔记本，这种缩小式的革新受到了市场和消费者的欢迎和认可。

(6)能否替代

可否由别的东西代替，由别人代替？ 用别的材料、零件代替，用别的方法、工艺代替，用别的能源代替？ 可否选取其他地点？

为了提高灯泡的亮度，采用充氩的办法，替代了传统电灯泡中的真空，使钨丝灯泡提高亮度。

(7) 能否调整

从调换的角度思考问题。 能否更换一下先后顺序？ 可否调换元件、部件？ 是否可用其他型号，可否改成另一种安排方式？ 原因与结果能否对换位置？ 能否变换一下日程？ ……更换一下，会怎么样？

结构和顺序的重新调整能够带来很多富有创造性的构想。 最初的飞机螺旋桨被放置在头部，当螺旋桨被装到飞机顶部时，直升机出现了；当螺旋桨被放置在尾部时，喷气式飞机得以诞生。

(8)能否颠倒

从相反方向思考问题，通过对比也能成为萌发想象的宝贵源泉，可以启发人的思路。倒过来会怎么样？上下是否可以倒过来？左右、前后是否可以对换位置？里外可否倒换？正反是否可以倒换？可否用否定代替肯定？……

(9)能否组合

从综合的角度分析问题。组合起来怎么样？能否装配成一个系统？能否把目的进行组合？能否将各种想法进行综合？能否把各种部件进行组合？等等。

铅笔和橡皮原是两个独立的个体，但分开来不论是携带还是使用都颇为不便，于是有人就通过组合创造了带橡皮的铅笔。

在思考的过程中，可以根据上述的九个思考点去发散，可以尝试将每一点都继续延展下去，你也可以选择其中最具有独创性的集中思考。在具体的执行过程中，奥斯本检核表法可以通过三步走来实施：

(1)根据创新对象明确需要解决的问题；

(2)根据需要解决的问题，参照表中列出的问题，运用丰富想象力，强制性地一个个核对讨论，写出新设想；

(3)对新设想进行筛选，将最有价值和创新性的设想筛选出来。

奥斯本检核表法可以在一定程度上给我们各种思考的思路方向，有利于突破以往传统的思维模式，给了我们更多的角度，可以以发散的形式让人们按照上述的方向去寻找新的创新实现点，让创意落地，并就此生根结果。

创新素养：思维、人格与自由

所谓创新素养，指的是人们在从事创新活动中应该具备的素质与修养，它体现了人们在知识储备、思维方式、创新方法运用、创意展现等诸多方面先天的条件和后天学习与锻炼的综合结果。

创新创造就是要挣脱固有的牢笼，英国诗人布莱克曾说过："打破常规的道路，通向智慧之宫。"而通向智慧宫殿的道路并不是人人可以找到的，没有人天生就是上帝的宠儿。要想有所创造，能做到求新求异，能在打破常规之后探寻真谛，就一定要有其思考、努力的独特路径。

思维的路径有很多，独特的思考方式可以有很多种，但是如何在众多的思维方式中挑选到最合适的，能够与你的既定目标匹配路径达成完美的契合呢？比如说，在家里有人提出想吃爆米花，你是会选择用互联网思维点外卖送货上门？还是用整合思维在家自己利用现有工具现场制作？还是反其道而行之告诉家人不能再吃了要控制体重了？所以需要知道家人真正的意图在哪，找到合适匹配的创新路径才最为重要。

有人以节俭为标准，有的人以效率为标准，有的人以"面子"为标准，思维方式寻找匹配模式也是要找到标准，匹配上了，才是真正有效果的独特思维。

所谓独立人格是指人的独立性、自主性、创造性。它要求人们既不依赖于任何外在的精神权威，也不依附于任何现实的政治力量，在真理的追求中具有独立判断能力，在政治的参与中具有独立自主精神。

人类进步的历史，是传承与创新两个主题交替奏响的变奏曲。如果没有对光的"微粒说""波动说"之争，人们对权威的不断突破，我们就无法知道光真正的传播方式；如果没有哥白尼对"日心说"的坚守，打破教会权威，后世对于宇宙的探索可能又会滞后许多年。传承需要有对前人的尊敬，但一味地相信，身处各种没有分化的关系中，个人将无法创新。

智慧需要不断突破，需要有质疑权威的魄力与推翻陈旧的勇气。“思而疑，疑而质，质而释”，创新需要具备怀疑精神，仅仅沉迷于当前的生活，满足于当前生活，是无法发现其中问题，并有突破性进展的。

20世纪50年代，美籍华裔生物学家徐道觉因为溶液配比发生错误，意外地获得了发现人类染色体确切数目的方法。在此之前，人们普遍相信美国遗传学家潘特的推断：大猩猩、黑猩猩的染色体都是48条，因此人类的染色体也应该是48条。徐道觉因为盲目相信权威的意见，放弃了独立研究，与创新的发现失之交臂。直到几年后另一美籍华裔生物学家蒋有兴采用了这种技术，发现了人类的染色体应为46条而非48条。

雨果曾经说过：“丧失人格的诗人比没有诗才而硬要写诗的人更可鄙，更低劣，更有罪。”独立的人格不只是对创新，也是对全部生活的一种道德追求，同时也可以在对于创新的思考中唤醒人格的成长。

人类深厚的文明都是在历史的长河中逐步积累起来的，如果文明有最高峰，那么人类的每一代都是通往峰顶道路的台阶。这些知识，我们所处的环境，对我们来说既是财富，也是重担，传承不应有前辈的强迫，创新不应有现实的压迫，而应保持着作为后辈的自觉，作为后辈的担当，坚持“独立之人格，自由之思想”。

对于人心的自由，白岩松做了具体的阐述：“我们过去对自由的理解是狭隘的，真正的自由在内心。面对最小的宇宙和最大的人心，只要可以探究的而且能得出一定结论的就不算辽阔，无法掌握的才是最辽阔的，人心是最辽阔的。”

塞万提斯也曾说过：“自由是上帝赐给人类的最大的幸福之一。”然而现实生活中，很多人却忽视了人心的自由，将其封锁起来，禁锢在深不见底的心灵之渊。只有打开它，光才能照进来，你才能去探索其中的精彩与美妙，然后肆意驰骋。

你可以掌握世间的规律，却无法把握人心的想法，而你自己内心的想法需要你去发现；我们所处的土地有边界，人心却没有边界，而你自己内心的边界需要你去探索。心有多大，你的创意就有多大；心有多远，你的前路就有多远。

“问渠那得清如许？为有源头活水来。”要想保证创新创意的纯粹性，就需要内心的澄明。正如康德在其《纯粹理性批判》中写的：“这个世界上唯有两样东西能让我们的心灵感到深深的震撼，一是我们头顶上的灿烂天空，一是我们内心崇高的道德法则。”

创新素养“修习”：观察、洞察与觉察

我们向往创新，亦重视思维，然而纸上得来终觉浅，读万卷书不如行万里路，行万里路不如阅人无数，阅人无数不如名师指路，名师指路还需自己去悟。学习如此，需要自己读书、实践、向人请教、名师指点，才可能有领悟。创新也是如此，同样的老师，同样的学习时间，却有不同的学习成绩，是因为同学间的学习方法不同；类似的生活经验，创新能力有所不同也是因为思维不同。

一个人要有高的领悟能力，要注重“三察能力”的培养，即观察、洞察、觉察。

什么是观察？观察是带有目的性、计划性、方向性并且可以持续的知觉活动。观察是人们接触自然、认识世界、获取知识的重要途径之一，一切科学的新发现、新规律、新成就，都建立在缜密、精确的观察基础之上的。因此，在开始观察前，我们需要明确目的、制订计划；在观

察过程中，我们需要配合思维、语言等做出反应；在观察后，我们需要对观察到的结果进行归纳总结，所以观察也是“思维的知觉”。

居里夫人的女儿认为观察是“学者的第一美德”，著名的生理学家巴甫洛夫在研究院门口的石碑上刻下了“观察、观察、再观察”的至理名言，用来警戒自己以及学生，观察对于科学研究者的重要性。著名的生物学家达尔文也曾说：“我没有突出的理解力，也没有过人的才智，只是在观察那些稍纵即逝的事物并对其进行精细观察的能力上，我也许是中上之人。”说明了观察是获取知识、理解知识的必经阶段，只有通过观察才能得到真知灼见。

《福尔摩斯探案集》中福尔摩斯和华生第一次见面时，福尔摩斯通过观察华生的肤色、言行举止、受过的伤就立刻辨别出华生曾经是一名阿富汗的军医，这说明了敏锐、准确的观察可以为我们带来丰富的信息，让我们在初次接触一个人或一个事物时能更好、更多地把握住关键信息。

观察是一个人应该具备的重要能力之一，只有敏锐的观察才能让我们透过表面看到事物的本质，甚至看到事物未来的变化趋势。我们都知道智慧来源于生活，留心观察生活才能寻找到忽略的突破点。“致知在格物，物格而后知至。”创新要穷究事物的本源和本质，目视事物表面，只能知其然而无法知其所以然，唯有穷其本质，敏锐地观察和分析，才能主动发现问题，进而在观察事物的过程中解决问题，从而实现创新。

鲁班手被小草的叶子划破，通过观察小草两边的锯齿，受到启发发明了锯子；瓦特观察到烧水壶的水盖在不断被蒸汽顶开，发明了蒸汽机；波义耳从花遇到酸变红的现象中有了石蕊试纸的灵感……因为敏锐、细心、准确的观察，才有了这些改变我们生活的伟大发明。每个人所经历的生活细节都大同小异，人的观察力也不是与生俱来的，都是在生活中培养、在实践中锻炼出来的，如果你主动捕捉到这些生活细节，并对其进行观察分析，积极地调动各种感知，便能从中获取灵感，这也决定了一个人是否能够有突破性的发明发现。

洞察和觉察都是对人的情绪、行为、想法、特质等方面的判断和把握，但洞察是对外分析别人，觉察是对内了解自我。弗洛伊德是这样解释洞察力的：洞察力就是变无意识为有意识。

在柏拉图的《理想国》中，讲述了这样一个故事：一些囚徒从小就被困在一个洞穴中，他们被铁链绑着面朝洞穴后壁。在他们背后的上方，燃烧着篝火，在篝火和人的中间有一堵低墙。在这堵墙的后面，有另外一些人手中拿着各式各样的东西，把它们高举过墙，影子投射在洞穴后壁上，就像皮影戏一般。于是，这些囚徒只能看见投射在他们面前的墙壁上的影像，他们将会把这些影像当作真实的东西，他们也会将回声当成影像所说的话。此时，假如有一个囚徒被解除了桎梏，突然站起来可以转头环视，他就可以看见事物本身了，假如他们从洞穴中走出来，则会逐渐认识到真实的世界。

洞穴中的囚徒走出洞穴的过程其实就如洞察的过程一般，抽丝剥茧，

认识到的事物本质。正如在产品创意中，有些品牌在自豪地夸“产品好”，而对于消费者而言，他们需要的是“我自己好”，所以应该在洞察消费者的基础上，将产品与消费者进行连接，然后再做创意。

一切因消费者洞察而起，一切围绕消费者洞察而来，消费者洞察在品牌营销策划中既是原点，也是核心点，更是亮点!

武汉邦盟孚图品牌营销策划机构服务于湖北省十堰市竹溪县本土品牌双竹贡米，在经过深入市场调查和消费者洞察后发现，十堰市为移民城市，市民60%来自东北，对自己的故土有着深深的依恋。同时，十堰市场上竞争品牌的诉求多为生态健康、口味及香型等，同质化较为严重。而现代人吃饭已经不仅仅是关注食物本身：有人说，心情不好，吃顿好的慰藉一下自己；还有人说，心情好，吃顿好的庆祝一下。可以说，吃可以成为情绪的出口，也可成为幸福的入口。邦盟孚图正是精准地洞察到吃饭这一看似平常的生活小事，在新时代却有着不同的内涵，于是结合竞品表现及双竹贡米产品自身的卖点，创新地提出了“原乡——幸福”这一价值定位，将品牌口号升级为“原乡原味·幸福滋味”，聚焦于消费者的情感连接，以产品为沟通媒介，传递给人触手可及的故乡滋味，一句“分不清是米香还是故乡”更是将品牌的温度推向极致。

围绕这一全新的价值主张，邦盟孚图为双竹品牌构建了“幸福特贡(品牌背书)、幸福产地(生长环境)、幸福耕作(育种、种植)、幸福生产(加工工艺)、幸福滋味(产品口感)”五大价值体系。同时对产品进行分级，高端市场走定制宫廷风路线，平价市场走精品超值路线。产品包装的视觉主体元素采用手绘，传递品牌的历史厚重感和温度感，形成了对竹溪贡米的独特表达。产品于2018年9月正式推向十堰市场，即刻成为当地国庆、农历新年的网红大米。

邦盟孚图品牌营销策划机构创始人张常国在对爱之家品牌重新定位时说：“消费者洞察能够帮助企业找到市场表象背后的客户真实需求和市场机会，让企业更加准确、科学地塑造自己的品牌价值，制订更具差异化的营销策略。”

创立于1990年的“爱之家”，是一家以销售家居日用品为主的区域性家居品牌。伴随消费分级的市场环境趋势，爱之家欲推出一个全新的平价生活用品品牌。在精准定位目标消费主体为80后、90后的基础上，邦盟孚图进行了一系列生活场景的用户画像：她们可能是钱要花在刀刃上的年轻妈妈，可能是省一分是一分的职场新人，他们“锱铢必较”，其实是一种生活智慧；他们“精打细算”，先比价再购买，其实是怀抱着热情过日子；他们对生活不将就、不粗糙，追求时髦新事物的同时讲求实惠；他们满足于小家庭的圆满，讲究细水长流的生活哲学……

通过这一系列生活场景的还原，邦盟孚图发现一个有趣的现象，目标客群多为女性，日常生活精于计算，于是一组“+−×÷”的计算符号跃然纸上，进一步，和品牌的平价定位、产品的极简风格、卖场的体验式陈列相结合，最终新品牌命名为“佳简×橱”，既保留了目标客群最熟悉的计算IP，又巧妙地植入了品牌的定位。围绕以上洞察，邦盟孚图提出了“品智生活，精打细算”的品牌口号和“家居用品精智私橱”的定位语，将精打细算的理念融入到品牌的系统诉求和形象设计中，告诉广大消费者，好的生活其实没那么贵，精打细算的结果是优中选优。

回顾爱之家近年来的快速发展，我们不难发现，深入的消费者洞察的确为其品牌良性生长打下了坚实的基础。

所谓觉察，是指个人知道、了解、反省、思考自己在情绪、行为、想法、人际关系及个人特质等方面的状况、变化及发生的原因。觉察力是对自己内心关注、自身经历的结果。

要想充分调动自我觉察的能力，就要学会运用心理、思维的力量去解开已发生事件、未来预期和周遭生活等之间的因果关系，相关关系。由小到大，由近到远，从琐碎看到清晰，由表象看到本质，并最终为自己的决定、目标提供参考，避免走上自己可能会后悔的道路。

自我觉察可以从以下三个维度进行:

(1)觉察的宽度。在追问自我内心的时候应该扩散到生活当中的每一个领域，它就如探照灯一般，照到哪里，哪里就会看得更清晰。当然期间会有痛苦，会有你不愿意看到的伤疤，会有你不愿提及的过往，但觉察恰恰应该注意这些我们平常所逃避的角落。

(2)觉察的深度。我们的内心就如一座冰山，露出来的很少，而藏在水面下的深不见底。所以觉察应向深处去探索，首先你要觉察出你的某些行为，然后再探索这些行为之下是什么样的思维模式带来的结果，在思维下面还有感觉，感觉中还有印象深刻的情绪，在情绪中掩藏很深的是伤害，比伤害更不愿触及的有恐惧。如此这般，层层地追问自己，向内心深处去发掘。

(3)觉察的长度。首先在生活当中多留一些觉察的时间，多看一眼，多想一点，去看看身边的人，如果有好感，不妨想想是哪里让我有好感?我是不是对这种感觉一直都熟悉，还是渴望?为什么渴望这个?我确实渴望这个吗?就是如此，注意生命中的每一个投射。同时，自我觉察应该往后想得更远，想想更远的未来。

“凡事预则立，不预则废”，“预”也就是觉察力，能够提前准备，未雨绸缪，从纷繁的信息中提炼出对自己有效的信息。这样，你可以自主地做出很多选择，而且不会在将来的处境中显得格外被动，换言之，我们将逐渐成为自己的主人。

我们每个人都是梦想家，而梦想就如若隐若现的微光，或许有人从未注意，有人错过，有人一路寻找。但不论每个人与微光是何种关系，人们的目光总会被它吸引，因为人们想创造出某些非凡，但在这一路上，欲望中浸满了执念，执念很容易绑架我们的思维，甚至绑架我们的生活。在这时，不妨慢下来回归生活，找到生活的规律，解开他人的密码，问清自我的内心，拨开云雾见天明，做一个智慧型的解题者。

观察外在的世界，洞察事物的本质，觉察未来的变化。

修合无人见，存心有天知。

创新素养需要的恰恰是“修合”，在“修合”中创新并创造着我们的未来。

参考文献

1. 白岩松:《白说》，长江文艺出版社 2015 年版。

2. 曹顺妮:《工匠精神：精造企业崛起》，机械工业出版社 2017 年版。

3. 曹顺妮:《工匠精神：开启中国精造时代》，机械工业出版社 2016 年版。

4. 成杰:《一语定乾坤：任何人都可以被说服》，民主与建设出版社 2015 年版。

5. 杜芸:《整合创新》，中国财政经济出版社 2017 年版。

6. 付守永:《工匠精神：成为一流匠人的 12 条工作哲学》，机械工业出版社 2016 年版。

7. 付守永:《工匠精神：向价值型员工转化》，中华工商联合出版社 2013 年版。

8. 郭峰民:《工匠精神》，电子工业出版社 2016 年版。

9. 何辉:《创意思维：关于创造的思考》(第三版)，人民出版社 2016 年版。

10. 何名申:《创新思维修炼》，民主与建设出版社 2001 年版。

11. 胡珍生、刘奎林:《创造性思维学概论》，经济管理出版社 2006

年版。

12. 金定海、郑欢:《广告创意学》,高等教育出版社 2008 年版。

13. 黎万强:《参与感: 小米口碑营销内部手册》,中信出版社 2018 年版。

14. 刘道玉:《创造思维方法训练》,武汉大学出版社 2009 年版。

15. 刘道玉:《一个大学校长的自白》,长江文艺出版社 2005 年版。

16. 卢明森:《钱学森思维科学思想》,科学出版社 2012 年版。

17. 任白:《反惯性思维》,天津人民出版社 2017 年版。

18. 舒咏平:《中国大品牌》,人民出版社 2012 年版。

19. 王健:《广告创意教程》,北京大学出版社 2004 年版。

20. 王琳、朱文浩:《结构性思维: 让思考和表达像搭积木一样有序省力》,中信出版社 2016 年版。

21. 王明哲:《不忘初心: 铸造匠心,驱动创新》,人民日报出版社 2017 年版。

22. 问道、王非:《思维影响人生》,华文出版社 2008 年版。

23. 吴军:《智能时代: 大数据与智能革命重新定义未来》,中信出版集团 2016 年版。

24. 杨乔雅:《大国工匠: 寻找中国缺失的工匠精神》,经济管理出版社 2017 年版。

25. 袁劲松:《全脑思维训练场》,中央编译出版社 2006 年版。

26. 赵大伟:《互联网思维独孤九剑》,机械工业出版社 2015 年版。

27. 郑月玲编译:《十亿美元十句话: 美国 10 亿身价俱乐部成员约翰·丹佛的商业理念》,地震出版社 2005 年版。

28. 周宏桥:《半面创新: 实践者的创新制胜之道》,机械工业出版社

2013 年版。

29. 周鸿祎:《周鸿祎自述——我的互联网方法论》，中信出版社 2014 年版。

30. 周嵘:《整合天下赢》，石油工业出版社 2018 年版。

31. [美] 艾·里斯、劳拉·里斯:《品牌的起源》，寿雯译，山西人民出版社 2010 年版。

32. [英] 爱德华·德·波诺:《六顶思考帽: 如何简单而高效地思考》，马睿译，中信出版社 2016 年版。

33. [英] 爱德华·德·波诺:《水平思考法》，冯杨译，山西人民出版社 2008 年版。

34. [美] 芭芭拉·明托:《金字塔原理: 思考、表达和解决问题的逻辑》，南海出版公司 2010 年版。

35. [美] 戴夫·柯本、特蕾莎·布朗、瓦莱丽·普里查德:《互联网新思维: 未来十年的企业变形计》，钱峰译，中国人民大学出版社 2014 年版。

36. [美] 戴维·霍尔:《大转折时代》，熊祥译，中信出版社 2013 年版。

37. [英] 东尼·博赞、巴利·博赞:《思维导图》，卜煜婷译，化学工业出版社 2015 年版。

38. [美] 凯文·凯利:《新经济，新规则》，刘仲涛、康欣叶、侯煜译，电子工业出版社 2014 年版。

39. [美] 凯西·赛拉:《用户思维+: 好产品让用户为自己尖叫》，石航译，人民邮电出版社 2017 年版。

40. [美] 理查德·弗罗里达:《创意阶层的崛起》，司徒爱勤译，中信出版社 2010 年版。

41. [加拿大] 罗杰·马丁:《整合思维》，胡雍丰、仇明璇译，商务印书馆 2010 年版。

42. [英] 皮尔斯·达钦:《打破思维常规》，赞扬译，新华出版社 2004 年版。

43. [美] 乔什·韦尔特曼:《一切都与广告有关——成功吸引顾客购买的秘密》，汤珑译，中信出版集团 2017 年版。

44. [英] 斯图尔特·克雷纳、戴斯·狄洛夫:《创新的本质》，李月、徐雅楠、李佳胥译，中国人民大学出版社 2017 年版。

45. [德] 瓦尔特·玄纳特:《广告奏效的奥秘》，肖健译，民主与建设出版社 2001 年版。

46. [英] 维克托·迈尔-舍恩伯格:《大数据时代：生活、工作与思维的大变革》，浙江人民出版社 2013 年版。

47. [美] 亚当·格萨雷、拉里·罗森:《专注：把事情做到极致的艺术》，李闻甲、尹晓虹译，江苏凤凰文艺出版社 2017 年版。

48. [英] 伊恩·阿特金森:《创新力+：创造性解决问题的 12 种思维工具》，徐诚、田尧舜译，人民邮电出版社 2016 年版。

49. [美] 约翰·沃瑞劳:《用户思维》，林南译，中国友谊出版社 2015 年版。

结语

伸手摘星　心纳美景

凡所际遇，绝非偶然。

本书的写作和出版，也算是一种“际遇”，而非偶然。

创意这一概念发轫于广告。承担广告学专业的教学多年，深知创意能力之于学生的重要性。“参天之木，必有其根；怀山之水，必有其源。”创意的思维方法、思维能力与思维素养则是创意能力的“根”，创意能力的“源”。这也是写作本书的初心。

2016 年由我牵头的课程组承担了武汉大学创新创业课程建设项目；同年，武汉大学创新创业教材规划建设项目立项；2018 年成功申报了武汉大学 MOOC 课程。该课程已经在武汉大学珞珈在线和中国爱课程网上线。近 3 年来，线下的课程教学和 MOOC 课程的建设，为本书的撰写打下了扎实的基础。感谢教学团队成员李小曼、余晓莉、王晔和刘艺琴几位老师的辛勤付出和默契而愉快的合作。

团队的力量是巨大的。我和可爱的研究生们一起交流、分享创新的主题，共同探讨创意思维的话题，这是一个充满活力的、温馨的“创新团队”，他们是：2016 级研究生伍子超，2017 级研究生柯佳丽，2018 级研究生汪诗雨、杨鑫、李康乐、刘佳敏，3 年来的很多场景历历在目：收集素材，听我上课，做笔记，整理我的观点，听我讲解全书的构思和框架，理解我的想法，领会我的意图，如此等等。全书由我提出整体框架，并拟写各章的标目，参与初稿撰写的分工任务如下：引论，程明；第一、二章，汪诗雨；第三、四章，伍子超；第五、六章，杨鑫；第七、八章，柯佳丽；第九章，杨鑫、李康乐、刘佳敏；第十章，汪诗雨、柯佳丽。初稿完成后，由我对书稿反复进行审读和修改，有些章节三易其稿，参与修改的成员还有张燕萍女士、姚琳女士、闫修彦先生，这是一支“后创新团队”：张燕萍女士协助我完成第一章和第二章的修改，闫修彦先生协助我完成第三章的修改，姚琳女士协助我完成第四章部分内容的修改。龚铂洋先生所提出的“思维体操”的概念对于第十章的写作有极大的启发和帮助，他为本书也贡献了智慧。最后由我完成全书的统稿和定稿。衷心感谢各位可爱的同学们和朋友们！我见证了大家的成长与进步，也从你们身上找到了前行的动力！

全书完成前后历时3年的时间，仅框架的建构耗时1年有余，正如上海师范大学人文与传播学院金定海教授在序中所言：“写创意思维的书，往往吃力不讨好！”所谓“吃力”的过程就是打磨的过程，最后形成了本书的“谋篇布局”。引论部分是基础，8种思维方法是主体内容；“工匠精神与创新”这一章被武汉轻工大学的程水源教授谬赞为“独具慧眼”，也可算作本书的“神来之笔”；“创意思维训练方法与创新素养”则是全书的落脚点。金老师是中国广告教育的开拓者之一，也是我当年博士毕业论文答辩委员会的主席，他对于广告创意的真知灼见和教学研究在国内独树一帜。感谢金老师多年以来的指导和关心！读金老师“但凡创新，总有创意”的书序，其意味隽永，回味悠长！

有语云：布局无闲子，蕴大局于初始。我不敢说蕴大局，但一直以来对创意思维的关注和创新的理解可以算作布局。当今新媒体时代，获取信息和知识是容易的，而思维能力与思维水平对于一个人的成长和发展尤为重要。“置身新时代，一个人的成功与否、成就大小更多地体现为思维水平的差距、创新能力的高低。”程水源教授的序言中道出了其中的真谛。我与水源教授亦师亦友，近些年水源教授立足于健康中国的大局，在硒产业发展上进行了卓有成效的布局，我们之间的交往和交流非常愉悦，而我亦受教和受益于水源兄长。

张金海教授是武汉大学珞珈广告学派的创始人，也是我的授业恩师。若干年来每次新书付梓之际，总会先给先生过目：一是接受先生的指教；二是请先生作序。先生的严谨和认真在老一辈学者中是有口皆碑的，每次读先生所作之序如饮甘露，滋润心田。思维科学的意义与价值，“丝毫不逊于自然科学、社会科学与知识科学”“创新很难被制度化”“思维很难被逻辑化”，这些关于“思维与创新”的若干论述高屋建瓴，鞭辟入里，给人启迪。“一言一语总关情”，序言里的字里行间给学生一如既往的关爱和期待！学生铭记心中。

感谢阿拉善 SEE 生态协会会长、当代集团董事长艾路明先生受邀为本书作序。学哲学出身的企业家艾路明先生，其序言自然带有思辨的风格，视野开阔，充满哲理：中国改革开放 40 余年的历史就是一部创新创业史；创新应秉持以人为本的价值取向；创新要有“底线思维”和“边界意识”等。其中特别耐人寻味的一句话道出了创新的哲学意境：开启充满灵感的创新之旅。企业家精神和对创新的不懈追求跃然纸上，值得我们去体会，去品味！

创新案例对于本书来说是不可或缺的，而第一手的案例更是难得可贵。经典的案例不仅丰富了本书的内容，而且能够让诸位读者更好地理解创意思维的内涵和创新的意蕴。感谢为本书提供第一手案例的各位朋友们，他们是：德源公司的储震先生、新金珠宝的孟非先生、工长360的于保罡先生、邦盟孚图的张常国先生、巨浪美食的帅欣莉女士、拓雅公关的骆炜巍先生、微信订阅号“我是艾小羊”的张丽萍女士、当代教育集团的李巍先生。感谢您们的倾情相助。

年轻的漫画家曹祎先生为每一章配以漫画插图，这都是其原创性作品。书法家徐福山先生应邀欣然为本书题写书名。他们的“创新之举”为本书增色不少！武汉大学出版社的徐胡乡女士对书稿的欣赏鼓励着我，她对本书的编辑尽心尽力。武汉大学新闻与传播学院的同事杰文先生和杨力女士对创新课程的建设和教材的进程热切关心。特向诸位的抬爱谨致谢忱！

适逢本书即将付梓之际，偶然读到女儿程王翼如的一篇题目为“只有创新，才能成功”的作文，开篇如下：创新是打破常规，以一种新的视角看世界；创新是冲破禁锢的枷锁，在那个全新的世界纵情遨游；创新是想他人所不曾想、做他人所不敢做的事，以领跑者的姿态，遥遥领先，获得成功。一位初中生笔下对创新的这般理解，让我感到些许意外。她是一个颇有悟性的孩子，希望她成长为一个会学习、能思考、懂感恩的人，成为一个有情怀、有责任的人，成为一个对社会有用的人。

著名广告人李奥贝纳曾说过：伸手摘星，即使徒劳无功，亦不至满手淤泥。是的，伸手摘星，虽未得星，却心纳美景，手不染污。写作本书的过程于我而言亦是心纳美景。

新事物诞生时难言完美。本书的出版亦如此，期待读者诸君的批评。“万物皆有裂痕，那是光进来的地方。”各位方家的指正犹如照进来的“光亮”，益于我们进步与提高。

与四时合其序，与天地合其道，与日月合其明。

是为不结的结语。

因为生命还在继续，思考永不停歇，探索从未停止。

程 明

2019 年 11 月 2 号

鸣　　谢

武汉大学创新创业教育系列规划教材
项目资助

教育部人文社会科学
重点研究基地武汉大学媒体发展研究中心

当代教育集团